AF062533

Printed by Libri Plureos GmbH in Hamburg,
Germany

9 781649 291271

Printed by Jilin Fineus Graff in Hamburg

إنجح

Eureka Math®
الصف 2
الوحدات 6-8

Great Minds PBC is the creator of Eureka Math®
Wit & Wisdom®, Alexandria Plan™, and PhD Science™

Published by Great Minds PBC. greatminds.org

Copyright © 2020 Great Minds PBC. All rights reserved. No part of this work may be reproduced or used in any form or by any means—graphic, electronic, or mechanical, including photocopying or information storage and retrieval systems—without written permission from the copyright holder

ISBN 978-1-64929-127-1

20 21 22 23 24 25 CCD 10 9 8 7 6 5 4 3 2 1

Printed in the USA

تعلم ♦ تمرن ♦ انجح

تتوفر مواد طلاب ®Eureka Math لقصة الوحدات® (من الروضة إلى الخامسة) في ثلاثية تعلم، مارس، انجح. تدعم هذه السلسلة التمايز والمعالجة مع الاحتفاظ بمواد الطلاب منظمة ويمكن الوصول إليها. سيجد المعلمون أن *سلسلة كتب التعلم والممارسة والنجاح تقدم أيضًا موارد متماسكة - وبالتالي أكثر فعالية - للاستجابة للتدخل (RTI)، وممارسة إضافية والتعلم الصيفي.*

تعلم

تُعد مادة تعلم يوريكا الرياضيات بمثابة رفيق للطالب في الصف حيث يظهرون تفكيرهم، ويشاركون ما يعرفونه، ويشاهدون معرفتهم وهي تبني كل يوم. يضم كتاب التعلم تجميعة الواجب الدراسي اليومي - مسائل التطبيق وتذاكر الخروج ومجموعات المسائل والقوالب - بحجم يسهل حمله والتنقل به.

تمرن

يبدأ كل درس في يوريكا الرياضيات بسلسلة من أنشطة الطلاقة النشطة والحيوية، بما في ذلك تلك الموجودة في تمارين يوريكا الرياضيات. يمكن للطلاب الذين يجيدون حقائق الرياضيات الخاصة بهم إتقان المزيد من المواد بشكل أكثر عمقًا. *مع كتاب التمرين، يبني الطلاب الكفاءة في المهارات* المكتسبة حديثًا *ويعزّز التعلم السابق استعدادًا للدرس التالي.*

يوفر كتابا التعلم والتمرين كافة المواد المطبوعة التي سيستخدمها الطلاب لتدريس الرياضيات الأساسية.

إنجح

يُمكن قسم النجاح Eureka Math الطلاب من العمل بشكل فردي نحو الإتقان. تضفي مجموعات المسائل الإضافية محاذاة الدرس تلو الدرس مع تعليمات الفصل الدراسي أجواء مثالية للاستخدام كواجب منزلي أو تدريب إضافي. يرافق مساعد الواجبات المنزلية كل مجموعة مسائل، وهي عبارة عن الأمثلة العملية التي توضح كيفية حل المسائل المماثلة.

يمكن للمعلمين والمربيين استخدام كتب النجاح من مستويات الصف السابق كأدوات متوافقة مع المناهج لملء الفجوات في المعرفة التأسيسية. سيزدهر الطلاب ويتقدمون بشكل أسرع حيث تسهّل النماذج المألوفة الاتصال بمحتواهم الحالي على مستوى الصف.

EUREKA MATH®

الطلاب والأسر والمعلمين:

نشكرك على كونك جزءًا من مجتمع يوريكا الرياضيات®، حيث نحتفل برونق الرياضيات وتساؤلاتها وإثاراتها.

لا شيء يضاهي رضاء النجاح - كلما أصبح الطلاب الأكفاء أكثر، كلما زاد الدافع والمشاركة. يوفر كتاب يوريكا الرياضيات *إنجح* التوجيه والممارسة الإضافية التي يحتاجها الطلاب لدعم المعرفة التأسيسية وبناء الإتقان بمواد جديدة.

ماذا يحوي كتاب *النجاح*؟

تقدم كتب نجاح *Eureka Math* مجموعات الممارسة المدعومة الموازية لدروس قصة الوحدات®. يبدأ كل درس بكتاب نجاح بمجموعة من الأمثلة العملية، تسمى مساعد الواجبات المنزلية، والتي توضح النمذجة والمنطق الذي يستخدمه المنهج لبناء الفهم. بعد ذلك، يتلقى الطلاب ممارسة سقالة من خلال سلسلة من المشاكل المتسلسلة بعناية للبدء من مكان الثقة وإضافة التعقيد المتزايد.

كيفية استخدام كتاب *إنجح*؟

يمكن استخدام مجموعة كتب *إنجح* كإرشادات متباينة أو تمارين أو واجبات منزلية أو تدخل. عند الاقتران مع *Affirm*®، نظام التقييم الرقمي الخاص بيوريكا الرياضيات، تُمكّن دروس *إنجح* المعلمين من إعطاء التمارين المستهدفة وتقييم تقدم الطلاب. يضمن التوافق الناجح لكتاب *إنجح* مع النماذج الرياضية واللغة المستخدمة عبر قصة الوحدات أن يشعر الطلاب بالعلاقة والارتباط بتعليمهم اليومي، سواء كانوا يعملون على المهارات التأسيسية أو يحصلون على تمارين إضافية حول الموضوع الحالي.

أين يمكنني معرفة المزيد عن موارد يوريكا الرياضيات؟

يلتزم فريق Great Minds® بدعم الطلاب والأسر والمعلمين من خلال مكتبة من الموارد المتزايدة باستمرار والمتوفرة على eureka-math.org. يقدم الموقع أيضًا قصصًا ملهمة عن النجاح في مجتمع *Eureka Math*. شارك أفكارك وإنجازاتك مع زملائك المستخدمين من خلال أن تصبح بطل *Eureka Math*.

أطيب التمنيات لسنة مليئة بلحظات Eureka!

Jill Diniz

جيل دينيز
مدير الرياضيات
Great Minds

المحتويات

الوحدة 6: أساسيات الضرب والقسمة

الموضوع أ: تكوين المجموعات المتساوية

الدرس 1 3
الدرس 2 7
الدرس 3 11
الدرس 4 15

الموضوع ب: المصفوفات والمجموعات المتساوية

الدرس 5 19
الدرس 6 23
الدرس 7 27
الدرس 8 31
الدرس 9 35

الموضوع ج: المصفوفات المستطيلة كأسس للضرب والقسمة

الدرس 10 39
الدرس 11 43
الدرس 12 47
الدرس 13 51
الدرس 14 57
الدرس 15 61
الدرس 16 65

الموضوع د: مفهوم الأعداد الزوجية والفردية

الدرس 17 69
الدرس 18 73
الدرس 19 77
الدرس 20 81

الوحدة 7: حل المسائل المتعلقة بالطول والمال والبيانات

الموضوع أ: حل المسائل باستخدام البيانات التصنيفية

- الدرس 1 89
- الدرس 2 95
- الدرس 3 101
- الدرس 4 105
- الدرس 5 109

الموضوع ب: حل المسائل باستخدام العملات المعدنية والورقية

- الدرس 6 113
- الدرس 7 117
- الدرس 8 121
- الدرس 9 125
- الدرس 10 129
- الدرس 11 133
- الدرس 12 137
- الدرس 13 141

الموضوع ج: إنشاء مسطرة بوصة

- الدرس 14 145
- الدرس 15 149

الوحدة د: قياس الطول وتقديره باستخدام الوحدات العرفية والمترية

- الدرس 16 153
- الدرس 17 157
- الدرس 18 161
- الدرس 19 165

الموضوع هـ: حل المسائل باستخدام الوحدات العرفية والمترية

- الدرس 20 169
- الدرس 21 173
- الدرس 22 177

الموضوع ف: عرض بيانات القياس

- الدرس 23 181
- الدرس 24 185
- الدرس 25 189
- الدرس 26 193

الوحدة 8: الوقت والأشكال والكسور في صورة أجزاء أشكال متساوية

الموضوع أ: صفات الأشكال الهندسية

الدرس 1 199
الدرس 2 203
الدرس 3 207
الدرس 4 211
الدرس 5 215

الموضوع ب: الأشكال المركبة ومفاهيم الكسور

الدرس 6 219
الدرس 7 225
الدرس 8 229

الموضوع ج: أنصاف الدوائر والمستطيلات وأثلاثها وأرباعها

الدرس 9 233
الدرس 10 237
الدرس 11 241
الدرس 12 245

الموضوع د: تطبيق الكسور لتحديد الوقت

الدرس 13 249
الدرس 14 253
الدرس 15 257
الدرس 16 261

الصف الثاني
الوحدة 6

2•6 الدرس 1 مساعد الواجبات المنزلية

$3 \times 2 = 6$

أستطيع التفكير في 3 مجموعات في كل منها 2 يساوي 6.

$2 + 2 + 2 = 6$

يمكنني التفكير 2 + 2 = 4 و 4 + 2 = 6.

يؤدي إلى الضرب في الصف 3.

الجمع المتكرر في الصف 2...

بوضع التفاح في مجموعات في كل منها 2. أقوم بعمل 5 مجموعات في كل منها تفاحتين.

1. ضع دائرة حول المجموعات التي فيها تفاحتان

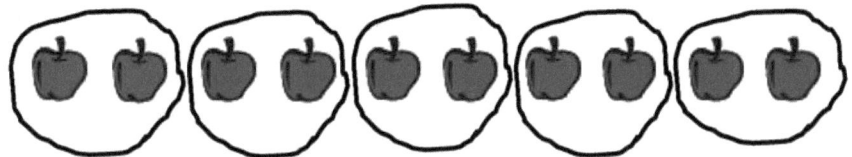

توجد __5__ مجموعات من تفاحتين.

أستطيع عمل مجموعات مختلفة متساوية من نفس الإجمالي.

2. أعِد رسم 12 برتقالة في أربع مجموعات متساوية.

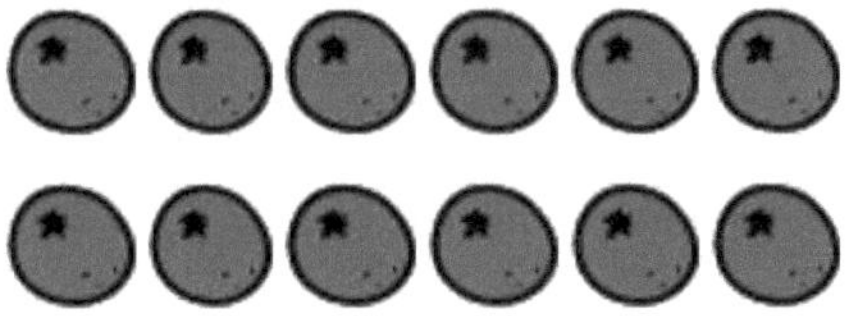

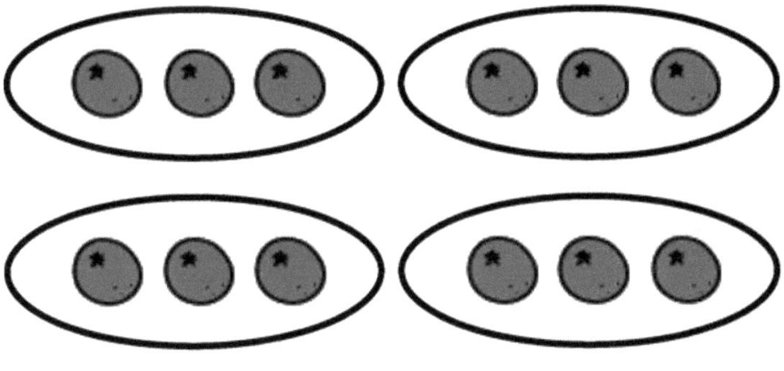

أستطيع وضع 12 برتقالة في 4 مجموعات في كل مجموعة منها 3 أو 3 مجموعات في كل منها 4.

4 مجموعات من 3 برتقالات

الدرس 1: استخدم الأدوات اليدوية لإنشاء مجموعات متساوية.

EUREKA MATH

3. أعِد رسم 12 برتقالة في 3 مجموعات متساوية.

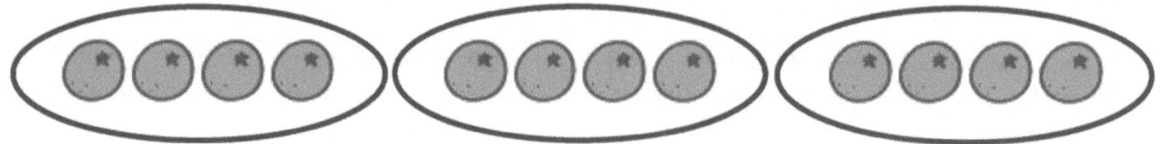

3 مجموعات من __4__ برتقالات.

4. أعِد رسم الزهور بحيث تحتوي كل مجموعة من المجموعات الثلاث على عدد متساوٍ.

أستطيع تحويل المجموعات غير المتساوية إلى مجموعات متساوية.

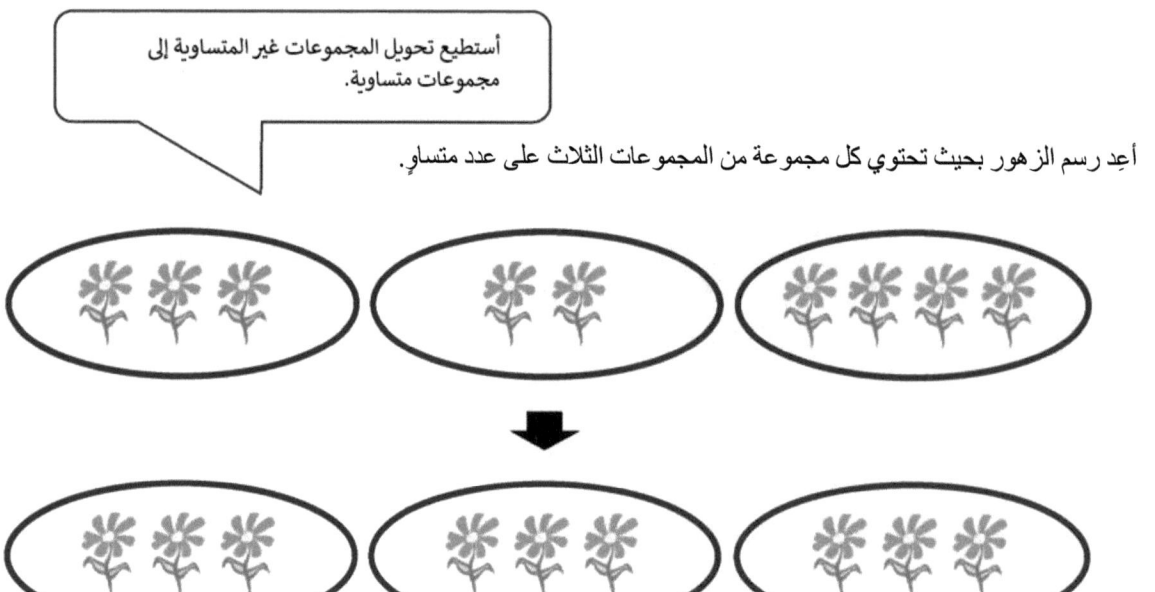

3 مجموعات من __3__ زهور = __9__ أزهار.

الاسم ______________________ التاريخ ______________

1. ضع دائرة حول المجموعات التي فيها قميصان.

يوجد _______ من المجموعات التي فيها قميصان.

2. ضع دائرة حول المجموعات التي فيها ثلاثة سراويل.

يوجد _______ من المجموعات التي فيها ثلاثة سراويل.

3. أعِد رسم 12 عجلة في 3 مجموعات متساوية.

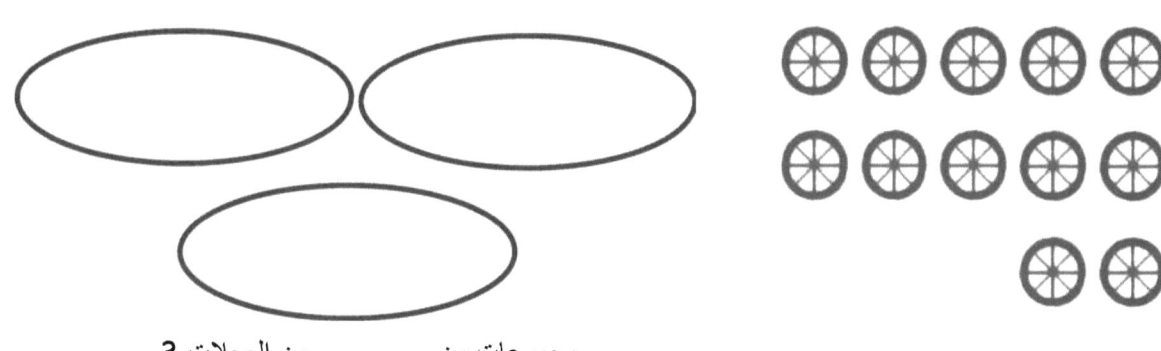

3 مجموعات من _______ من العجلات

4. أعِد رسم 12 عجلة في 4 مجموعات متساوية.

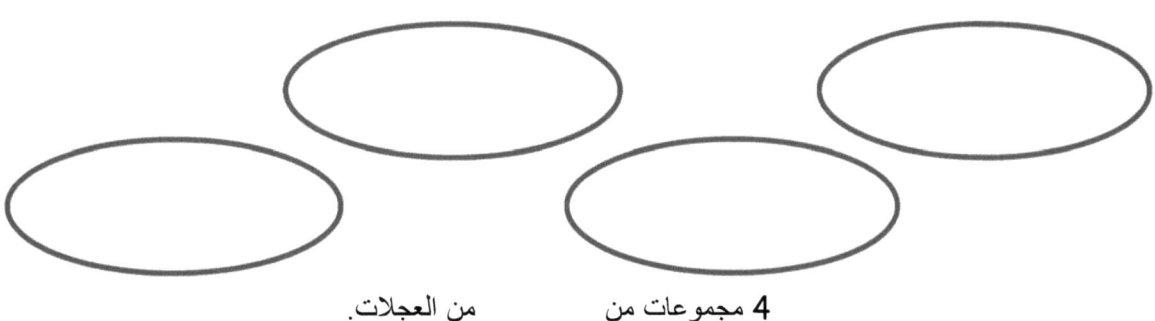

4 مجموعات من _______ من العجلات.

5. أعِد رسم التفاحات بحيث تحتوي كل مجموعة من المجموعات الأربعة على كمية متساوية.

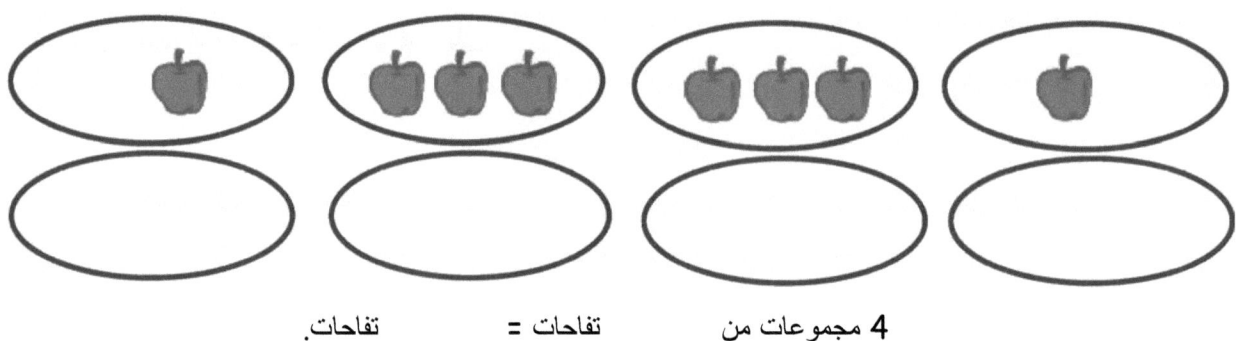

4 مجموعات من _______ تفاحات = _______ تفاحات.

6. أعِد رسم البرتقال لتكوين 3 مجموعات متساوية.

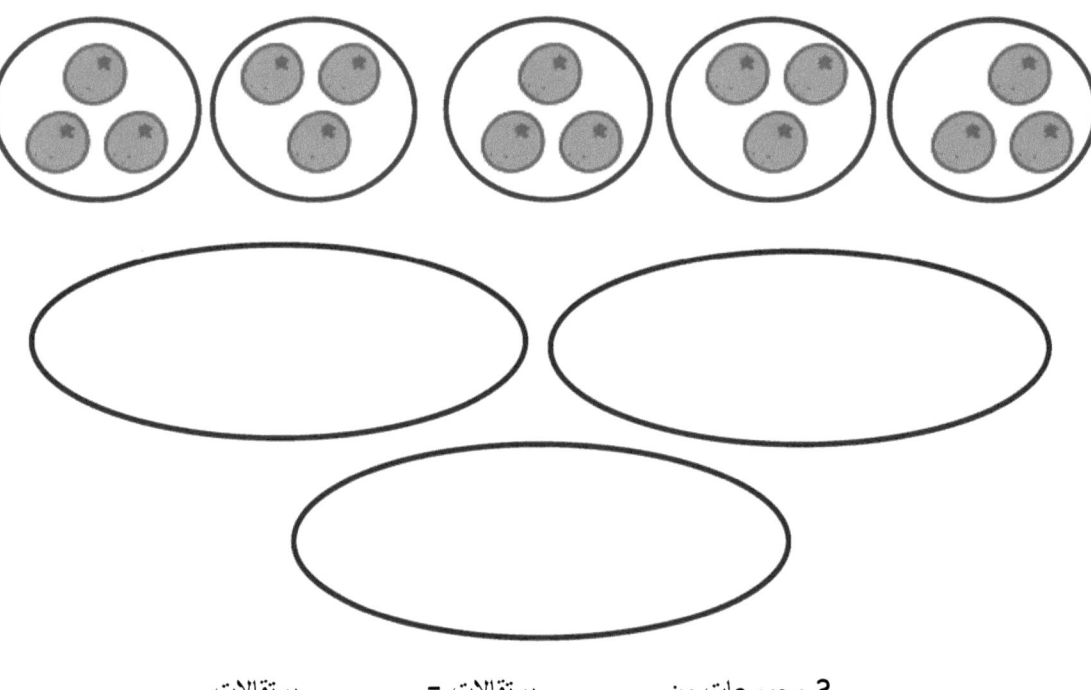

3 مجموعات من _______ برتقالات = _______ برتقالات.

EUREKA MATH

1. اكتب معادلة جمع متكرر لتوضيح عدد الكائنات في كل مجموعة. ثم أوجد الإجمالي.

$\underline{\ 2\ } + \underline{\ 2\ } + \underline{\ 2\ } = \underline{\ 6\ }$

3 مجموعات من $\underline{\ 2\ } = \underline{\ 6\ }$

> يوجد قلمين (2) رصاص في كل مجموعة، لذلك فإن جملة الجمع المتكرر هي 2 + 2 + 2 = 6. نستطيع القول أن 3 مجموعات في كل منها 2 يساوي 6.

2. ارسم مجموعة واحدة أخرى تحتوي على ثلاثة كائنات. ثم، اكتب معادلة جمع متكرر للمطابقة.

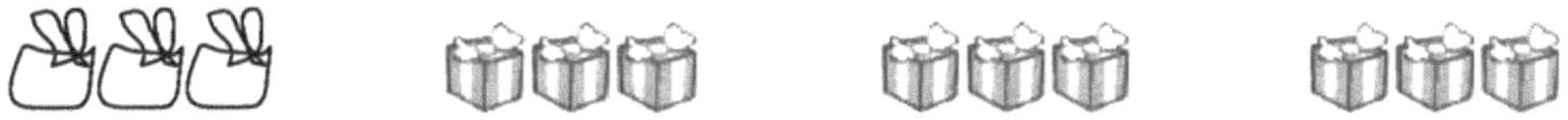

$\underline{\ 3\ } + \underline{\ 3\ } + \underline{\ 3\ } + \underline{\ 3\ } = \underline{\ 12\ }$

$\underline{\ 4\ }$ مجموعات في كل منها 3 = $\underline{\ 12\ }$

> عندما أرسم مجموعة أخرى من 3 مربعات، يتعين علي إضافة 3 أخرى إلى جملة الجمع المتكرر حيث يوجد الآن 4 مجموعات من 3.

الاسم _____ التاريخ _____

1. اكتب معادلة جمع متكرر لتوضيح عدد الكائنات في كل مجموعة. ثم أوجد الإجمالي.

أ.

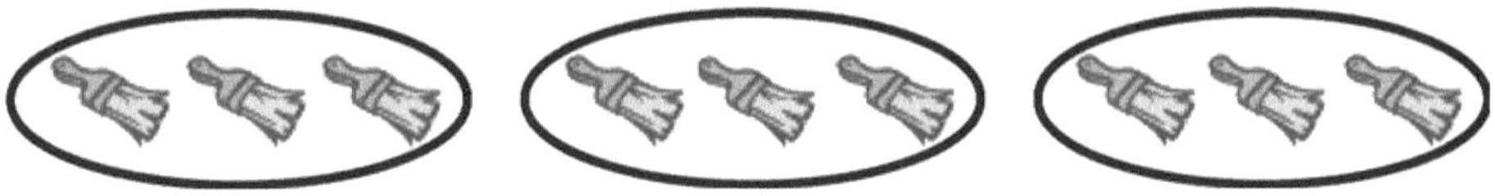

_____ = _____ + _____ + _____

3 مجموعات من _____ = _____

ب.

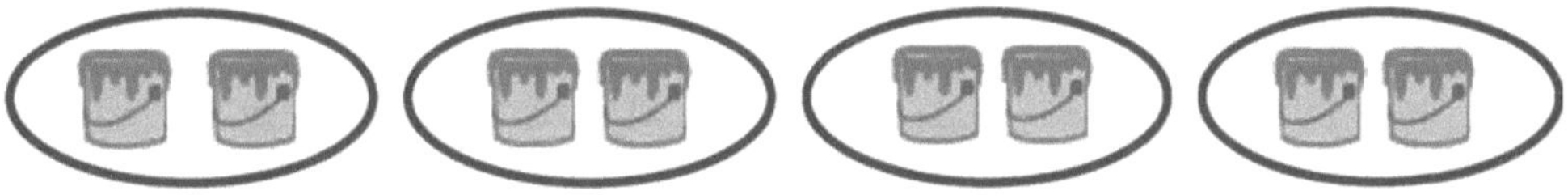

_____ = _____ + _____ + _____ + _____

4 مجموعات من _____ = _____

2. ارسم مجموعة واحدة أخرى مساوية.

_____ = _____ + _____ + _____ + _____ + _____

5 مجموعات من _____ = _____

3. ارسم مجموعة واحدة أخرى تحتوي على أربع كائنات. ثم، اكتب معادلة جمع متكرر للمطابقة.

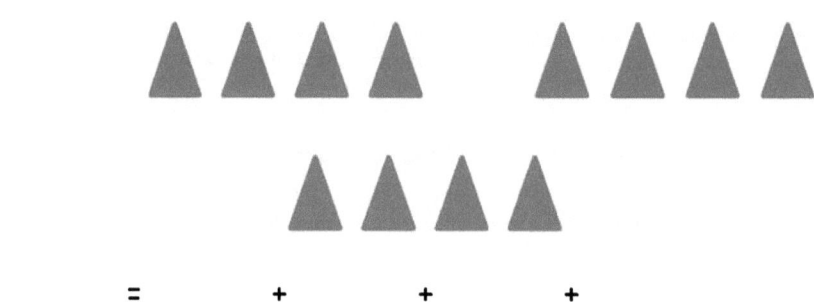

_____ = _____ + _____ + _____ + _____

_____ مجموعات من 4 = _____

4. ارسم مجموعتين أخرتين متساويتين. ثم، اكتب معادلة جمع متكرر للمطابقة.

_____ = _____ + _____ + _____ + _____ + _____

_____ مجموعات من 4 = _____

5. ارسم 4 مجموعات من 3 دوائر. ثم، اكتب معادلة جمع متكرر للمطابقة.

1. اكتب معادلة جمع متكرر لمطابقة الصورة. ثم ضع الكميات المضافة في أزواج لإظهار أسلوب أكثر فعالية للجمع.

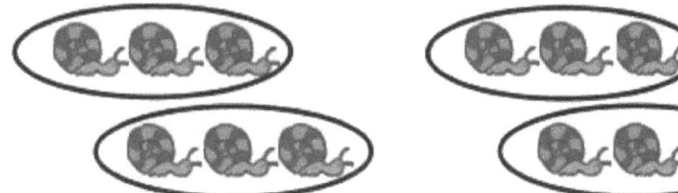

$\underline{3} + \underline{3} + \underline{3} + \underline{3} = \underline{12}$

\ / \ /

$\underline{6} + \underline{6} = \underline{12}$

ثم ضع الكميات المضافة في أزواج، واستخدام الأزواج للجمع بسرعة.. أعرف أن 3 + 3 = 6، وحيث أن هناك ستتين اثنين، يمكنني جمع 6 + 6 للحصول على 12.

4 مجموعات من 3 = مجموعتين (2) من 6

.2

$\underline{3} + \underline{3} + \underline{3} + \underline{3} + \underline{3} = \underline{15}$

$\underline{6} + \underline{6} + 3 = \underline{15}$

$\underline{12} + 3 = \underline{15}$

إذا كانت هناك كمية مضافة إضافية، فلا يزال بإمكاني استخدام الأزواج وبعد ذلك فقط أضيف الكمية الإضافية.

الاسم _____ التاريخ _____

1. اكتب معادلة جمع متكرر لمطابقة الصورة. ثم ضع الكميات المضافة في أزواج لإظهار أسلوب أكثر فعالية للجمع.

أ.

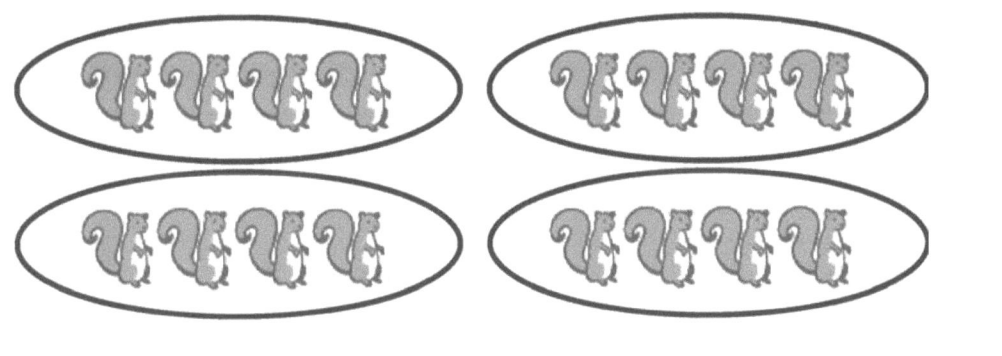

____ + ____ + ____ + ____ = ____

\　/　\　/

____ + ____ = ____

4 مجموعات من _____ = 2 مجموعتين من _____

ب.

____ + ____ + ____ + ____ = ____

____ + ____ = ____

4 مجموعات من _____ = 2 من مجموعتين من _____

الدرس 3 الواجبات المنزلية

ج.

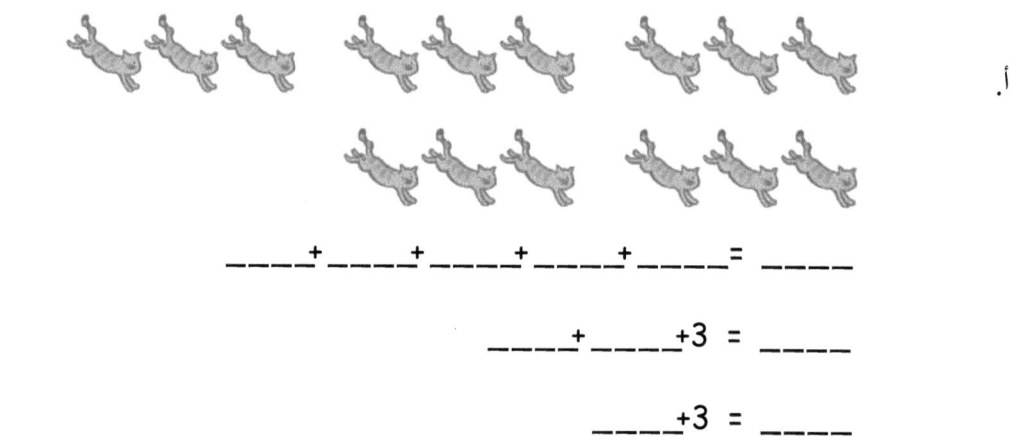

____ + ____ + ____ + ____ = ____

____ + ____ = ____

4 مجموعات من ____ = 2 من المجموعات من ____

2. اكتب معادلة جمع متكرر لمطابقة الصورة. ثم ضع الكميات المضافة في أزواج، واجمع لإيجاد الإجمالي.

أ.

____ + ____ + ____ + ____ + ____ = ____

____ + ____ + 3 = ____

____ + 3 = ____

ب.

____ + ____ + ____ + ____ + ____ = ____

____ + ____ + 2 = ____

____ + 2 = ____

2•6 الدرس 4 مساعد الواجبات المنزلية

1. اكتب معادلة جمع متكرر لإيجاد إجمالي كل مخطط شريطي.

> يساعدني هذا الرسم البياني الشريطي في أن أرى أن هناك 4 مجموعات في كل منها كأسين (2).

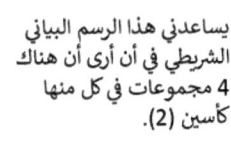

> المربعات تمثل المجموعات.

__2__ + __2__ + __2__ + __2__ = __8__

> لإيجاد المجموع، أضيف 4 مجموعات في كل منها 2.
> $2 + 2 + 2 + 2 = 8$

4 مجموعات من 2 = __8__

2. ارسم مخططًا شريطيًا لإيجاد الإجمالي.

5 مجموعات من 2

> يوجد 2 في كل مجموعة. بدلاً من رسم صورة، أستطيع فقط كتابة الرقم 2 في كل مربع.

| 2 | 2 | 2 | 2 | 2 |

> المربعات تمثل المجموعات. يوجد 5 مجموعات، لذلك أرسم 5 مربعات.

$2 + 2 + 2 + 2 + 2 = 10$

> لإيجاد المجموع، أضيف 5 مجموعات في كل منها 2.
> $2 + 2 + 2 + 2 + 2 = 10$

الدرس 4: مثّل المجموعات المتساوية بالرسومات البيانية الشريطية، ووصِّلها بالجمع المتكرر.

15

الاسم _____ التاريخ _____

1. اكتب معادلة جمع متكرر لإيجاد إجمالي كل مخطط شريطي.

أ.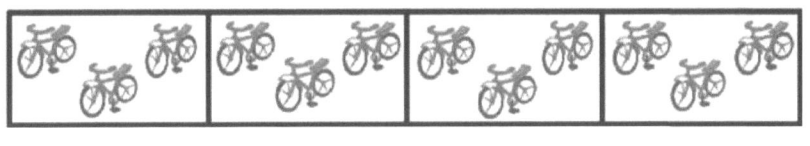

_____ = _____ + _____ + _____ + _____

4 مجموعات من 3 = _____

ب.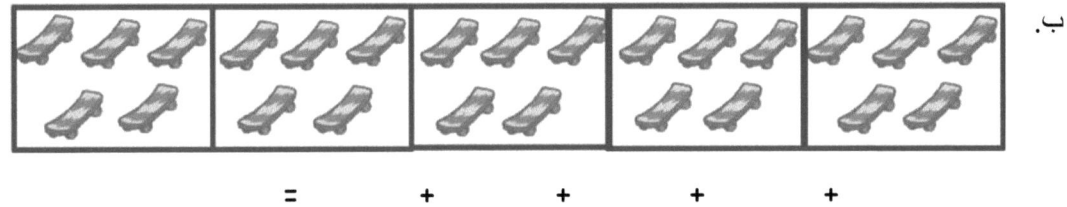

_____ = _____ + _____ + _____ + _____ + _____

5 مجموعات من _____ = _____

ج. | 4 | 4 | 4 | 4 |
|---|---|---|---|

_____ = _____ + _____ + _____ + _____

4 مجموعات من _____ = _____

د. | 2 | 2 | 2 | 2 | 2 | 2 |
|---|---|---|---|---|---|

_____ = _____ + _____ + _____ + _____ + _____ + _____

_____ مجموعات من _____ = _____

2. ارسم مخططًا شريطيًا لإيجاد الإجمالي.

أ. 5 + 5 + 5 + 5 = _____

ب. 4 + 4 + 4 + 4 + 4 = _____

ج. 4 مجموعات من 2

د. 5 مجموعات من 3

هـ.

1. ضع دائرة حول مجموعة الاثنين. أعِد رسم مجموعات الاثنين في صورة صفوف ثم في صورة أعمدة.

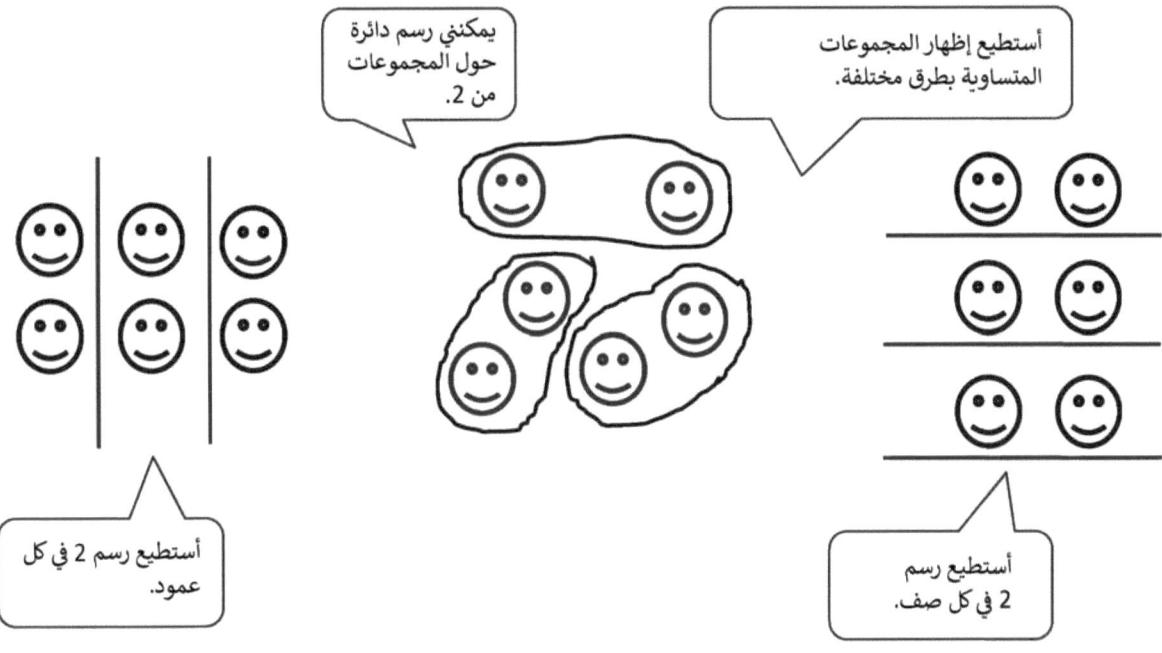

2. عِد الكائنات في المصفوفة من اليسار إلى اليمين بالصفوف ومن أعلى إلى أسفل بالأعمدة. أثناء عدك، ضع دائرة حول الصفوف ثم حول الأعمدة.

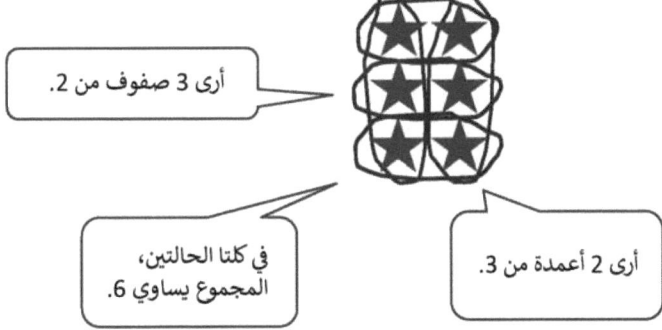

الاسم ______________________ التاريخ ______________

1. ضع دائرة حول مجموعات الخمس. ثم ارسم السُحُب في صفَين متساويين.

2. ضع دائرة حول مجموعات الأربعة. أعِد رسم مجموعات الأربعة في صورة صفوف ثم في صورة أعمدة.

3. ضع دائرة حول مجموعات الأربعة. أعِد رسم مجموعات الأربعة في صورة صفوف ثم في صورة أعمدة.

EUREKA MATH

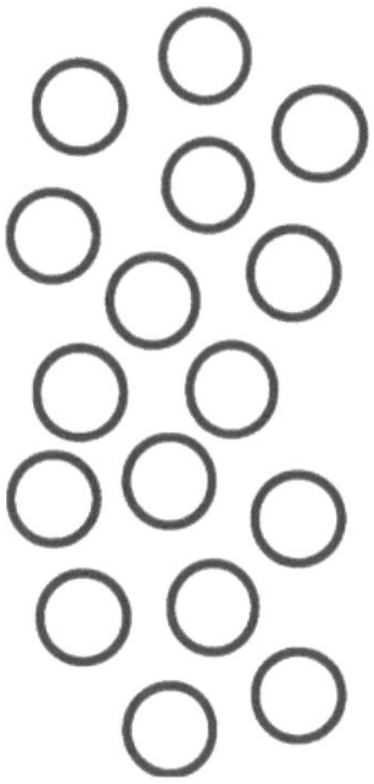

4. عِد الكائنات في المصفوفات من اليسار إلى اليمين بالصفوف وبالأعمدة. أثناء عدك، ضع دائرة حول الصفوف ثم حول الأعمدة.

أ.

ب.

5. أعِد رسم الوجوه المبتسمة والمثلثات في المسألة 4 في صورة أعمدة مكونة من ثلاثة.

6. ارسم مصفوفة تحتوي على 20 مثلثًا.

7. استعرض مصفوفة مختلفة تحتوي على 20 مثلثًا.

استخدم مصفوفة المثلثات المظللة للإجابة عن الأسئلة أدناه.

أ. __3__ صفوف من __4__ = 12

ب. __4__ أعمدة من __3__ = 12

ج. __4__ + __4__ + __4__ = __12__

د. أضف صفًا واحدًا آخر. كم عدد المثلثات الموجودة هنا الآن؟ __16__

عند إضافة صف أو عمود آخر فإن هذا يكون مجموعة أخرى، أو وحدة أخرى. أفكر فقط 12 + 4 = 16.

هـ. احذف عمودًا واحدًا من المصفوفة التي أنشأتها. كم عدد المثلثات الموجودة هنا الآن؟ __12__

عند حذف صف أو عمود، فأنا أطرح مجموعة أو وحدة. أعرف أن 4 أقل من 16 يساوي 12.

الاسم ______________________ التاريخ __________

1. أكمل كل الأجزاء الناقصة مع وصف كل مصفوفة .

ضع دائرة حول الصفوف.

أ.

3 صفوف من _____ = _____

_____ + _____ + _____ = _____

ضع دائرة حول الأعمدة.

ب.

4 أعمدة من _____ = _____

_____ + _____ + _____ + _____ = _____

ضع دائرة حول الصفوف.

ج.

5 صفوف من _____ = _____

_____ + _____ + _____ + _____ + _____ = _____

ضع دائرة حول الأعمدة.

د.

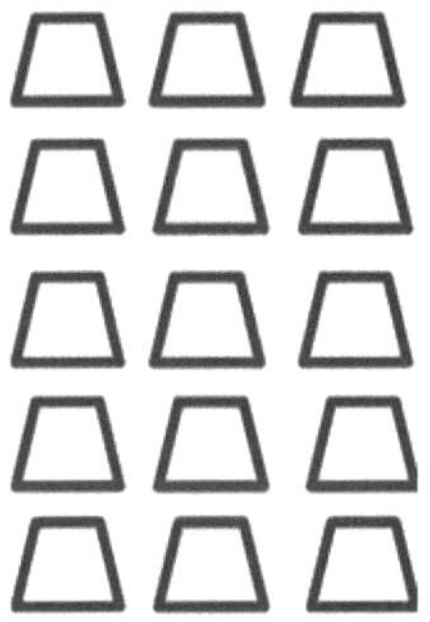

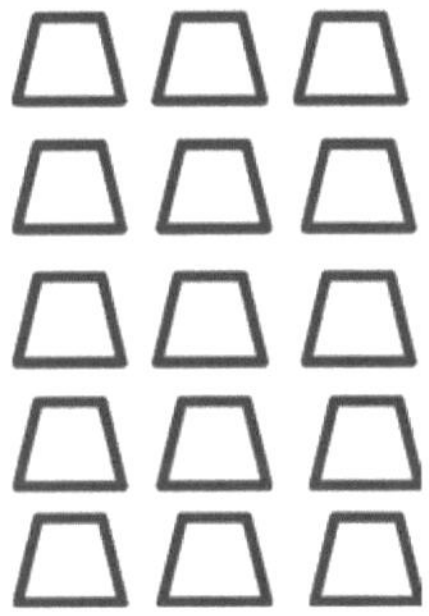

3 أعمدة من _____ = _____

_____ + _____ + _____ = _____

2. استخدم مصفوفة الوجوه المبتسمة للإجابة عن الأسئلة أدناه.

أ. _____ صفوف من _____ = _____

ب. _____ أعمدة من _____ = _____

ج. _____ + _____ + _____ = _____

د. أضف صفًا واحدًا آخر. ما عدد الوجوه المبتسمة الموجودة الآن؟ _____

هـ. أضف عمودًا واحدًا آخر إلى المصفوفة الجديدة التي أنشأتها في 2(د). ما عدد الوجوه المبتسمة الموجودة الآن؟ _____

3. استخدم مصفوفة المربعات للإجابة عن الأسئلة أدناه.

أ. _____ + _____ + _____ + _____ = _____

ب. _____ صفوف من _____ = _____

ج. _____ أعمدة من _____ = _____

د. احذف صفًا واحدًا. كم عدد المربعات الموجودة الآن؟ _____

هـ. احذف عمودًا واحدًا من المصفوفة التي أنشأتها في 3(د). ما عدد المربعات الموجودة الآن؟ _____

1. ارسم مصفوفة بحرف X تتكون من 3 أعمدة من 4. ارسم خطوطًا رأسية للفصل بين الأعمدة. أكمل الفراغات.

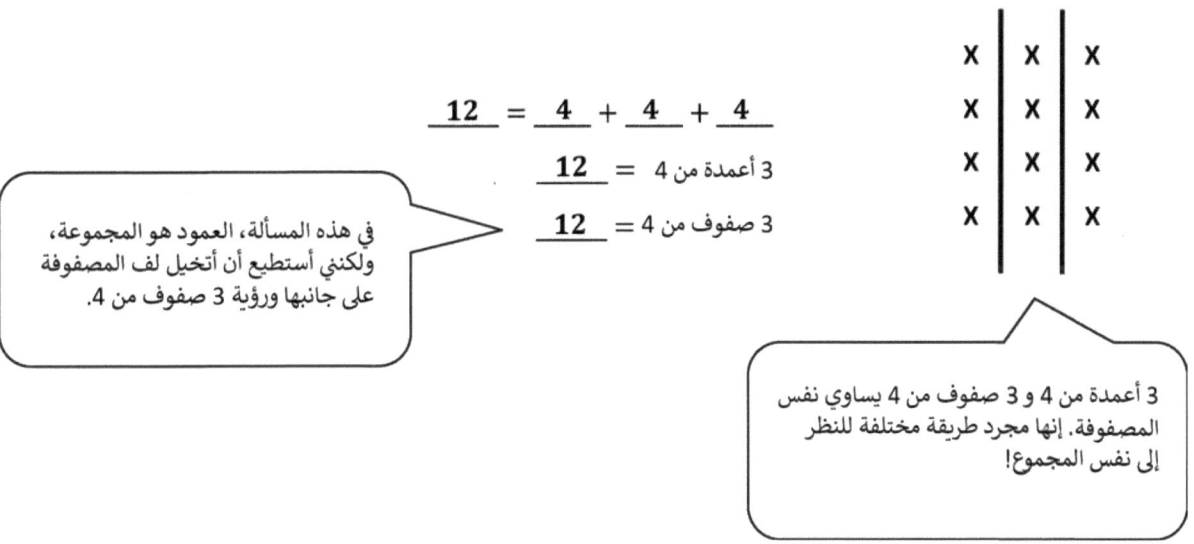

X	X	X
X	X	X
X	X	X
X	X	X

12 = 4 + 4 + 4

3 أعمدة من 4 = 12

3 صفوف من 4 = 12

في هذه المسألة، العمود هو المجموعة، ولكنني أستطيع أن أتخيل لف المصفوفة على جانبها ورؤية 3 صفوف من 4.

3 أعمدة من 4 و 3 صفوف من 4 يساوي نفس المصفوفة. إنها مجرد طريقة مختلفة للنظر إلى نفس المجموع!

2. ارسم مصفوفة بحرف X تزيد عن المصفوفة الموضحة أعلاه بعمود واحد من 4. اكتب معادلة جمع متكرر لإيجاد إجمالي عدد الحرف X.

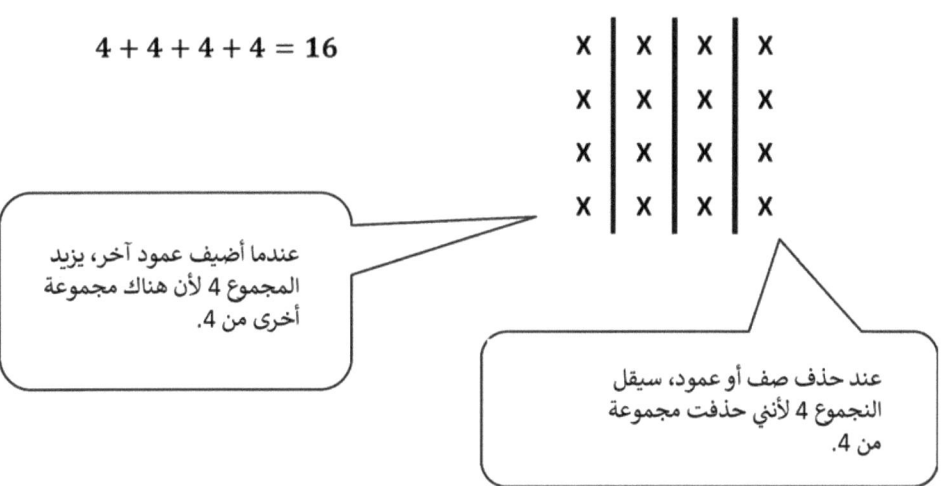

$4 + 4 + 4 + 4 = 16$

X	X	X	X
X	X	X	X
X	X	X	X
X	X	X	X

عندما أضيف عمود آخر، يزيد المجموع 4 لأن هناك مجموعة أخرى من 4.

عند حذف صف أو عمود، سيقل النجموع 4 لأنني حذفت مجموعة من 4.

الاسم _____ التاريخ _____

1. أ. مرسوم أدناه صف من مصفوفة. أكمل المصفوفة بحرف X لإنشاء 4 صفوف من 5. ارسم خطوطًا أفقية للفصل بين الصفوف.

X X X X X

ب. ارسم مصفوفة بحروف X بها 4 أعمدة من 5. ارسم خطوطًا رأسية للفصل بين الأعمدة.

_____ = _____ + _____ + _____ + _____

4 صفوف من 5 = _____

4 أعمدة من 5 = _____

أكمل الفراغات.

2. أ. ارسم مصفوفة بحرف X تحتوي على 3 أعمدة من 4.

ب. ارسم مصفوفة بحرف X تحتوي على 3 صفوف من 4. أكمل الفراغات أدناه.

_____ = _____ + _____ + _____

3 أعمدة من 4 = _____

3 صفوف من 4 = _____

في المسائل التالية، افصل بين الصفوف أو الأعمدة بخطوط أفقية أو رأسية.

3. ارسم مصفوفة بحروف X تحتوي على 3 صفوف من 3.

_____ = _____ + _____ + _____

_____ = 3 صفوف من 3

4. ارسم مصفوفة بحرف X تزيد عن المصفوفة في المسألة 3 بصفين من 3. اكتب معادلة جمع متكرر لإيجاد إجمالي عدد الحرف X.

5. ارسم مصفوفة بحرف X تقل عن المصفوفة في المسألة 4 بعمود واحد. اكتب معادلة جمع متكرر لإيجاد إجمالي عدد الحرف X.

1. أنشيء مصفوفة بالمربعات.

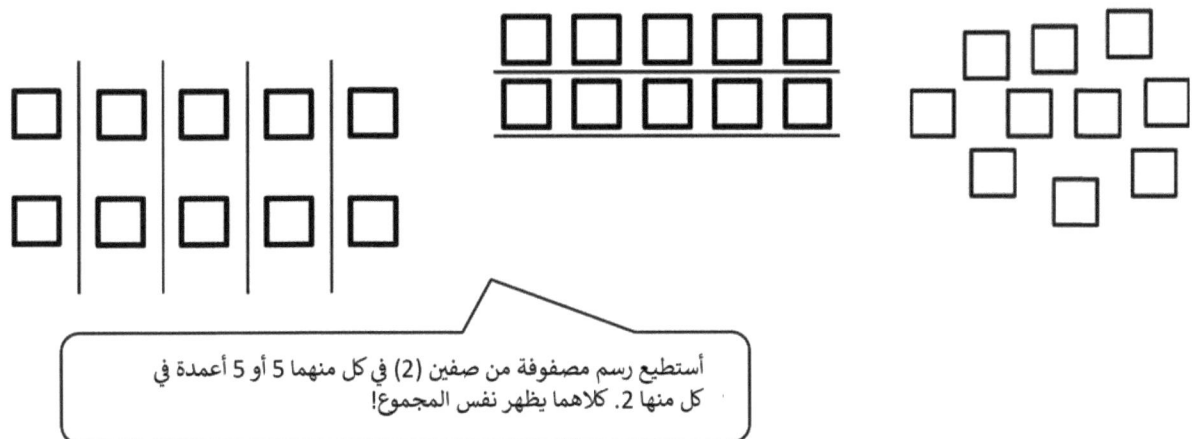

أستطيع رسم مصفوفة من صفين (2) في كل منهما 5 أو 5 أعمدة في كل منها 2. كلاهما يظهر نفس المجموع!

2. استخدم مصفوفة المربعات للإجابة عن الأسئلة أدناه.

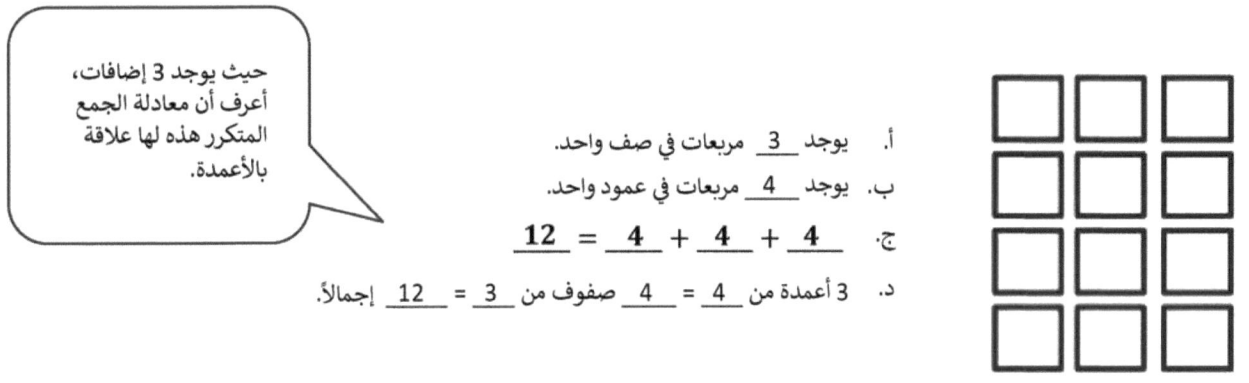

أ. يوجد __3__ مربعات في صف واحد.

ب. يوجد __4__ مربعات في عمود واحد.

ج. __12__ = __4__ + __4__ + __4__

د. 3 أعمدة من __4__ = __4__ صفوف من __3__ = __12__ إجمالاً.

حيث يوجد 3 إضافات، أعرف أن معادلة الجمع المتكرر هذه لها علاقة بالأعمدة.

3. ارسم مخططًا شريطيًا لمطابقة معادلة الجمع المتكرر والمصفوفة.

العمود هو المجموعة، لذلك أرسم 3 مربعات لأظهر 3 مجموعات.

يوجد 4 مربعات في كل عمود، لذلك فإن 4 هي الوحدة التي أعدها.

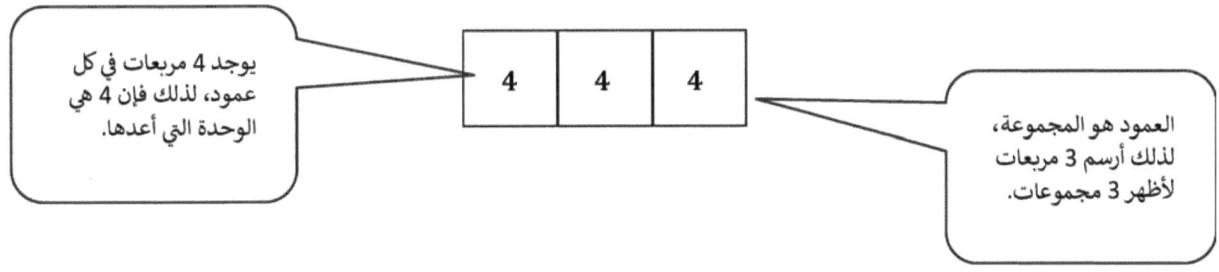

الاسم ______________________ التاريخ ______________

1. أنشيء مصفوفة بالمربعات.

____

____

2. أنشيء مصفوفة بالمربعات من المجموعة الموجودة أعلاه.

3. استخدم مصفوفة المربعات للإجابة عن الأسئلة أدناه.

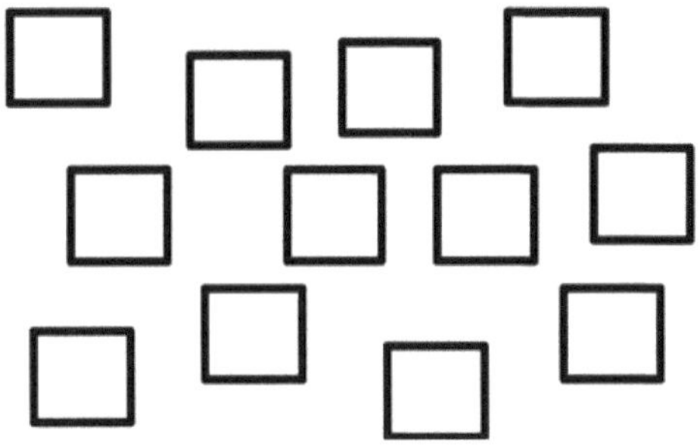

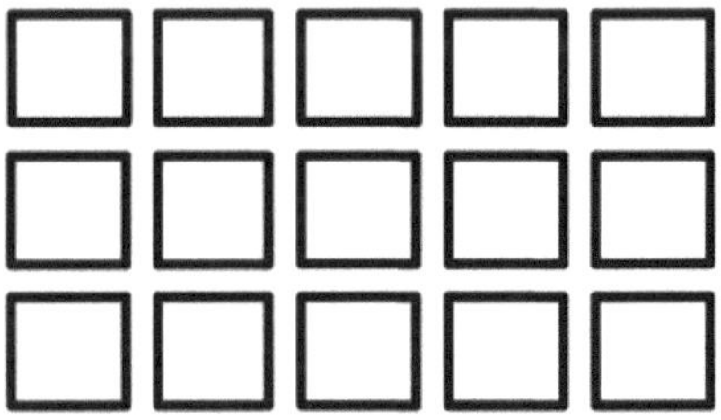

أ. يوجد ______ من المربعات في كل صف.

ب. ______ + ______ + ______ = ______

ج. يوجد ______ من المربعات في كل عمود.

د. ______ + ______ + ______ + ______ + ______ = ______

4. استخدم مصفوفة المربعات للإجابة عن الأسئلة أدناه.

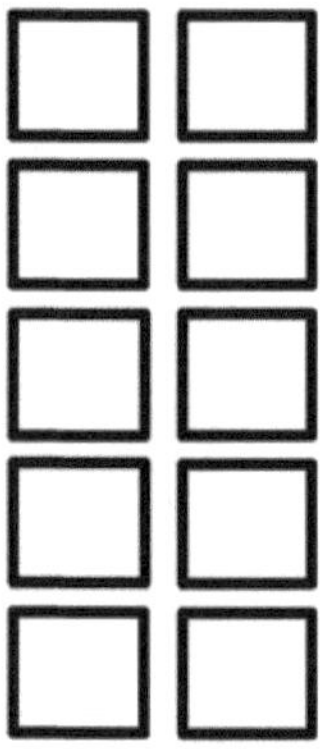

أ. يوجد _____ من المربعات في صف واحد.

ب. يوجد _____ من المربعات في عمود واحد.

ج. _____ + _____ = _____

د. عمودان من _____ = _____ من الصفوف من _____ = _____ إجمالاً

5. أ. ارسم مصفوفة من 15 مربعًا بها 3 مربعات في كل عمود.

ب. اكتب معادلة جمع متكرر لمطابقة المصفوفة.

6. أ. ارسم مصفوفة من 20 مربعًا بها 5 مربعات في كل عمود.

ب. اكتب معادلة جمع متكرر لمطابقة المصفوفة.

ج. ارسم مخططًا شريطيًا لمطابقة معادلة الجمع المتكرر والمصفوفة.

1. ارسم مصفوفة لكل مسألة كلامية. اكتب معادلة جمع متكرر لمطابقة كل مصفوفة..

جمع جاسون بعض الحصى. ووضعها في 5 صفوف بمعدل 3 حصوات في كل صف. فكم إجمالي عدد الحصوات التي جمعها جاسون؟

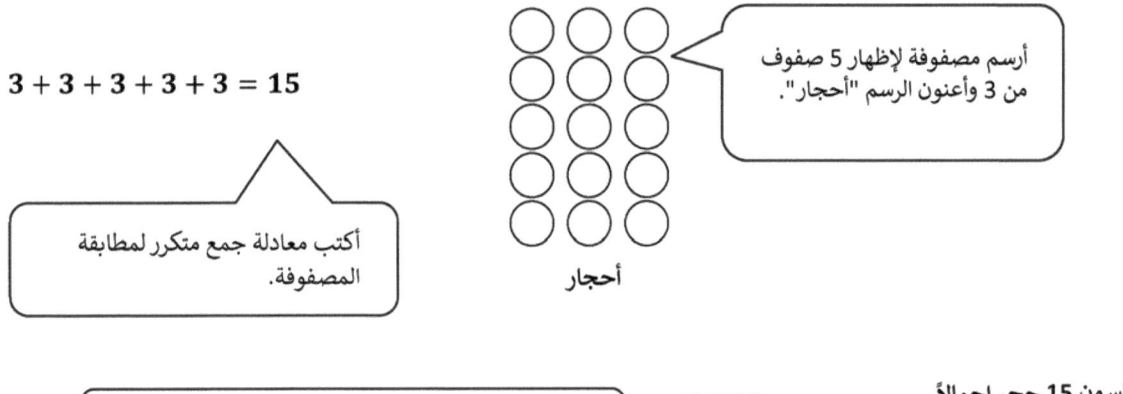

أرسم مصفوفة لإظهار 5 صفوف من 3 وأعنون الرسم "أحجار".

أحجار

$3 + 3 + 3 + 3 + 3 = 15$

أكتب معادلة جمع متكرر لمطابقة المصفوفة.

مع جاسون 15 حجر إجمالاً.

أكتب جملة للإجابة على السؤال.

2. ارسم مخططًا شريطيًا لكل مسألة كلامية. اكتب معادلة جمع متكرر لمطابقة كل مخطط شريطي.

لدى كل صديقة من صديقات ماريا الأربعة 5 أقلام ملونة. ما إجمالي عدد الأقلام الملونة اللاتي تمتلكنها صديقات ماريا؟

الأصدقاء الـ 4 هم المجموعات. أرسم 4 مربعات لأظهر 4 مجموعات.

أكتب العدد 5 في كل مربعلأظهر كم قلم ماركر مع كل صديق.

$5 + 5 + 5 + 5 = 20$

أكتب معادلة جمع متكرر لمطابقة الرسم البياني الشريطي وجملة للإجابة عن السؤال

مع أصدقاء ماريا إجمالي 20 قلم ماركر.

EUREKA MATH

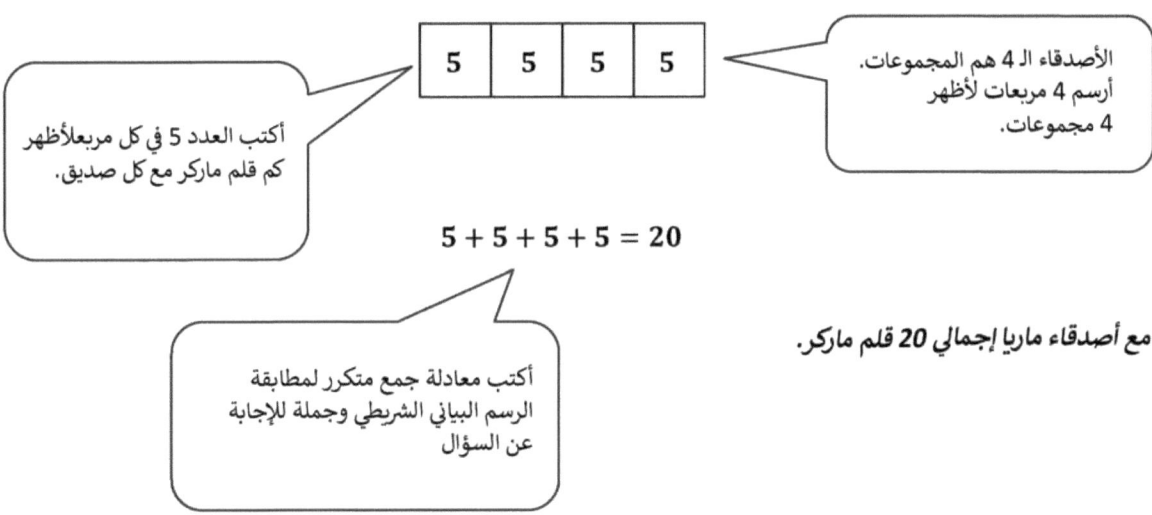

الاسم _____   التاريخ _____

ارسم مصفوفة لكل مسألة كلامية. اكتب معادلة جمع متكرر لمطابقة كل مصفوفة..

1. رصّت ميلودي مكعباتها في 3 أعمدة من 4. ما إجمالي عدد المكعبات التي قامت ميلودي برصّها؟

2. رتب مارتي المقاعد في الصف الدراسي إلى 5 صفوف متساوية. وكان في كل صف 5 مقاعد. ما عدد المقاعد المرتبة؟

3. صنع الخباز 5 صوانٍ من كعك المافن. وفي كل صينية 4 قطع من كعك المافن. ما عدد قطع كعك المافن التي صنعها الخباز؟

4. كانت كتب المكتبة موضوعة على الرف في 4 مجموعات من 4. ما عدد الكتب التي كانت على الرف؟

ارسم مخططًا شريطيًا لكل مسألة كلامية. اكتب معادلة جمع متكرر لمطابقة كل مخطط شريطي.

5. وضعت ماري ملصقات في أعمدة من 4. فكوَّنت 5 أعمدة. ما عدد الملصقات التي استخدمتها؟

6. وضع جايدن بطاقات البيسبول في 5 أعمدة من 3 في كتابه. ما عدد البطاقات التي وضعها جايدن في كتابه؟

ارسم مخططًا شريطيًا ومصفوفة. ثم اكتب معادلة جمع متكرر للمطابقة.

7. تتكون اللعبة التي اشتراها ويليام من 3 أكياس من الكرات الرخامية. وكان في كل كيس 3 كرات رخامية. ما إجمالي عدد الكرات الرخامية في اللعبة؟

1. استخدم البلاطات المربعة لإنشاء المستطيلات التالية بدون فراغات أو تداخلات. اكتب معادلة جمع متكرر لمطابقة كل إنشاء.

أنشئ مستطيلاً به صفان من 3 بلاطات.

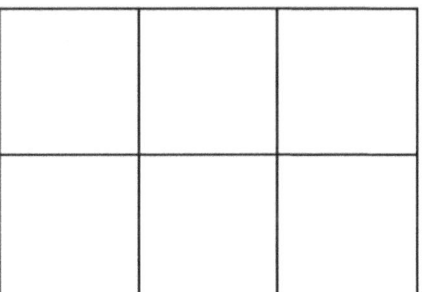

$3 + 3 = 6$

أقوم بعمل صفين (2) من 3 بلاطات. مصفوفتي عبارة عن مستطيل!

أنشئ مستطيلاً به عمودان من 3 بلاطات.

$3 + 3 = 6$

أقوم بعمل عمودين (2) من 3 بلاطات. مصفوفتي عبارة عن مستطيل!

المعادلات والإجمالي لكلا المصفوفتين هما نفسهما لأن كلاهما يظهر مجموعتين (2) من 3.

2. أنشئ مستطيلاً من 4 بلاطات به صفوف وأعمدة متساوية. اكتب معادلة جمع متكرر للمطابقة.

يوجد صفين (2) و عمودين (2).

أضع نفس عدد البلاطات المربعة الصفوف كما في الأعمدة، وبالتالي أقوم بعمل مربع!

$2 + 2 = 4$

EUREKA MATH

الاسم _____ التاريخ _____

اقطع البلاطات المربعة أدناه، وأنشئ المصفوفات التالية بدون فراغات أو تداخلات. اكتب معادلة جمع متكرر على الخط لمطابقة كل إنشاء على الخط.

1. أ. أنشئ مستطيلاً به صفان من 4 بلاطات.

    ب. أنشئ مستطيل به عمودان من 4 بلاطات.

    _____   _____

2. أ. أنشئ مستطيلاً به 3 صفوف من بلاطتين.

    ب. أنشئ مستطيلاً به 3 أعمدة من بلاطتين.

    _____   _____

3. أ. أنشئ مستطيلاً باستخدام 10 بلاطات.

    ب. أنشئ مستطيلاً باستخدام 12 بلاطة.

    _____   _____

قصة الوحدات   الدرس 10 الواجبات المنزلية   2•6

4. أ. ما شكل المصفوفة في الصورة أدناه؟ _____

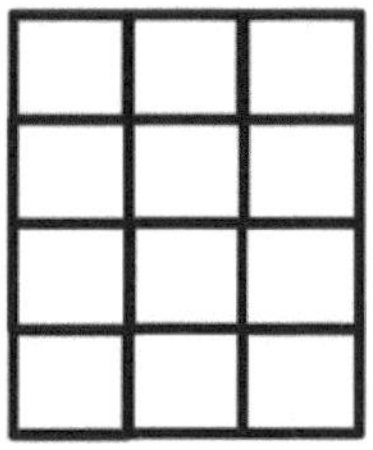

ب. في الفراغ أدناه، أعِد رسم الشكل أعلاه مع إضافة عمود واحد آخر.

ج. ما شكل المصفوفة الآن؟ _____

د. ارسم مصفوفة مختلفة من البلاطات بالشكل نفسه للمصفوفة 4(ج).

الدرس 11 مساعد الواجبات المنزلية

1. أنشئ مصفوفة من 20 بلاطة مربعة.

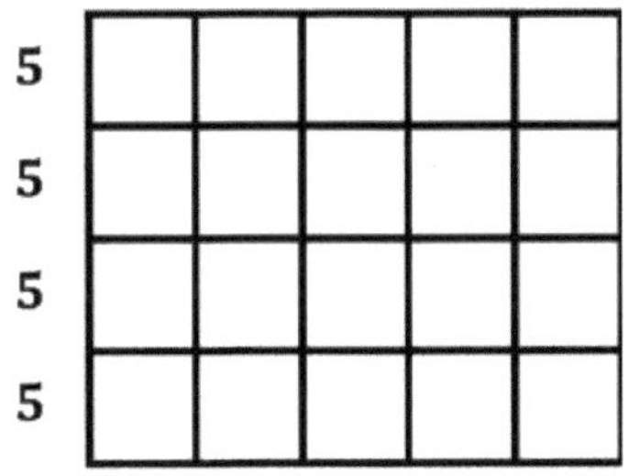

   اكتب معادلة جمع متكرر لمطابقة المصفوفة.

   $20 = 5 + 5 + 5 + 5$

   > أستطيع عمل مصفوفة من 4 صفوف في كل منها 5 بلاطات وأكتب معادلة جمع متكرر للمطابقة. من السهل العد بالتخطي بالخمسات.

   أعِد ترتيب العشرين بلاطة المربعة لتكوين مصفوفة مختلفة.

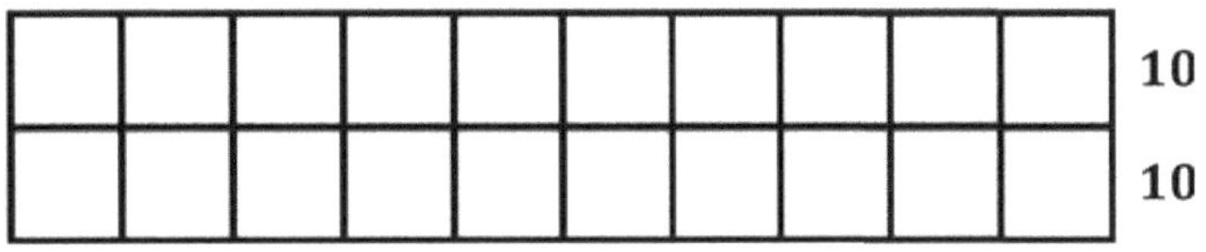

   اكتب معادلة جمع متكرر لمطابقة المصفوفة الجديدة.

   $10 + 10 = 20$

   > يمكنني إعادة ترتيب البلاطات لعمل مصفوفة أخرى من صفين (2) في كل منهما 10 بلاطات. أستطيع استخدام حقائق الأزواج لإيجاد المجموع: $10 + 10 = 20$.

2. أنشئ مصفوفتين باستخدام 16 بلاطة مربعة.

   > إذا قمت بلف صفين (2) من 8 بحيث تكون واقفة، سيكون لدي 8 صفوف من 2. أعرف أن $8 + 8$ يساوي $2 + 2 + 2 + 2 + 2 + 2 + 2 + 2$.

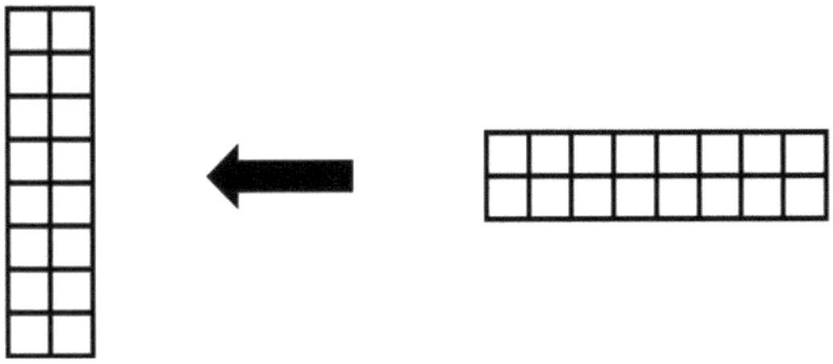

   صفان من __8__ = __16__

   صفان من __8__ = 8 صفوف من __2__

الاسم _____ التاريخ _____

1. أ. قم بإنشاء مصفوفة من 9 بلاطات مربعة.
   ب. اكتب معادلة جمع متكرر لمطابقة المصفوفة.

   _____

2. أ. أنشئ مصفوفة من 10 بلاطات مربعة.
   ب. اكتب معادلة جمع متكرر لمطابقة المصفوفة.

   _____

   ج. أعِد ترتيب البلاطات العشر المربعة في مصفوفة مختلفة.
   د. اكتب معادلة جمع متكرر لمطابقة المصفوفة الجديدة.

   _____

قُص كل بلاطة مربعة. استخدم البلاطات لإنشاء المصفوفات في المسائل من 1 إلى 4.

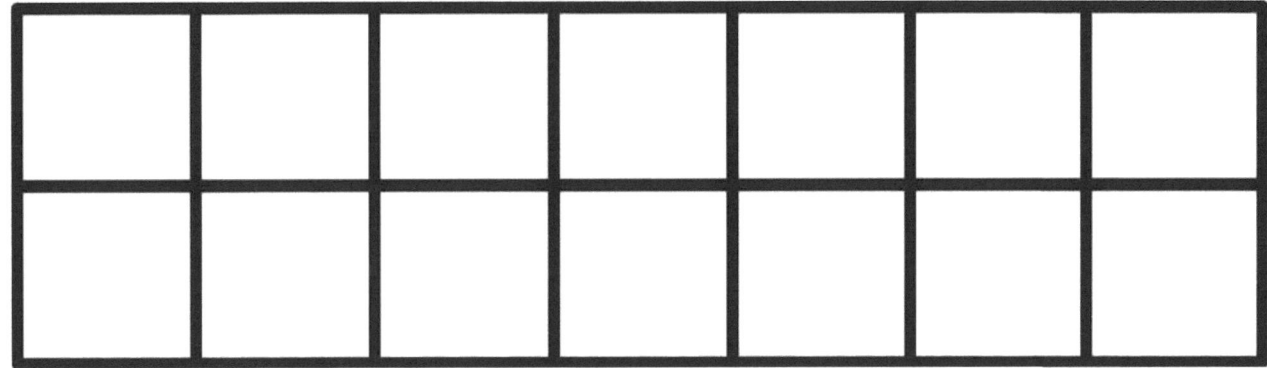

3. أ. أنشئ مصفوفة من 12 بلاطة مربعة.
   ب. اكتب معادلة جمع متكرر لمطابقة المصفوفة.

   _____

   ج. أعِد ترتيب البلاطات الإثني عشرة المربعة في مصفوفة مختلفة.
   د. اكتب معادلة جمع متكرر لمطابقة المصفوفة الجديدة.

   _____

4. أنشئ مصفوفتين باستخدام 14 بلاطة مربعة.
   أ. صفان من _____ = _____

   ب. صفان من _____ = 7 صفوف من _____

1. ارسم بلاطة مربعة لعمل مصفوفة من 3 أعمدة في كل منها 4.

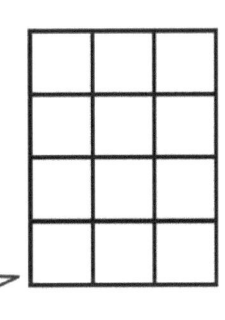

من المهم بالنسبة لي أن أكون دقيقًا عند رسم البلاطة لعمل المصفوفة. لا يمكن أن يكون لدي فراغات أو تداخلات.

هذا المستطيل يظهر أنني أستطيع تكوين وحدة أكبر من وحدات أصغر. كل عمود عبارة عن مجموعة من 4. يوجد 3 أعمدة من 4، وبالتالي فإن 4 + 4 + 4 = 12.

3 أعمدة من 4 = **12**

4 + **4** + **4** = **12**

2. أكمل المصفوفة التالية بدون فراغات أو تداخلات. رُسمت البلاطة الأولى للتوضيح.

5 صفوف من 2

أولاً، أستطيع البدء بالجانب العلوي من المربع التالي. طول الخط يساوي تقريبًا نفس طول البلاطة الأولى. بعد ذلك، أستطيع رسم الخط السفلي من المربع لمطابقة طول الخط العلوي.

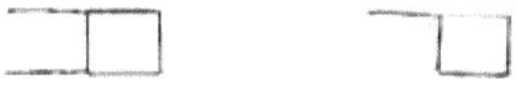

بعد ذلك، يمكنني غلق المربع عبر عمل خط ثالث.

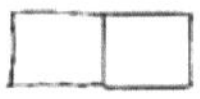

أستطيع متابعة هذا النمط لعمل 4 صفوف أخرى من 2 مباشرة أسفل المربعين الأولين.

الاسم _____   التاريخ _____

1. قُص البلاطة المربعة وتتبعها لرسم مصفوفة بها صفان من 4.

القطع والتتبع.

صفان من 4 = _____

_____ = _____ + _____

2. تتبع البلاطة المربعة لإنشاء مصفوفة بها 3 أعمدة من 5.

3 أعمدة من 5 = _____

_____ = _____ + _____ + _____

3. أكمل المصفوفات التالية بدون فراغات أو تداخلات. رسمت البلاطة الأولى للتوضيح.

أ. 4 صفوف من 5

ب. 5 أعمدة من 2

ج. 4 أعمدة من 3

1. الخطوة 1: أنشئ مستطيلاً به 5 أعمدة من 3.

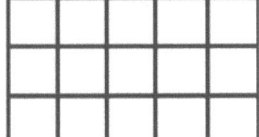

الخطوة 2: افصل 3 أعمدة من 3.

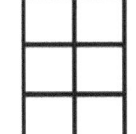 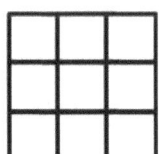

أقوم بتفكيك 5 أعمدة من 3 إلى مستطيلين (2) أصغر، أو جزأين. 3 أعمدة من 3 وعمودين (2) من 3 تكوّن 5 أعمدة من 3.

الخطوة 3: اكتب رابطة رقمية لتوضيح الكل والجزأين. اكتب جملة جمع متكرر لمطابقة كل جزء من الرابطة الرقمية.

استطيع رسم رابطة رقمية لمطابقة المصفوفات. أعرف أن المستطيل الأكبر يمكن تفكيكه إلى مستطيلات أصغر لأن 15 يمكن تفكيكها إلى 9 و 6.

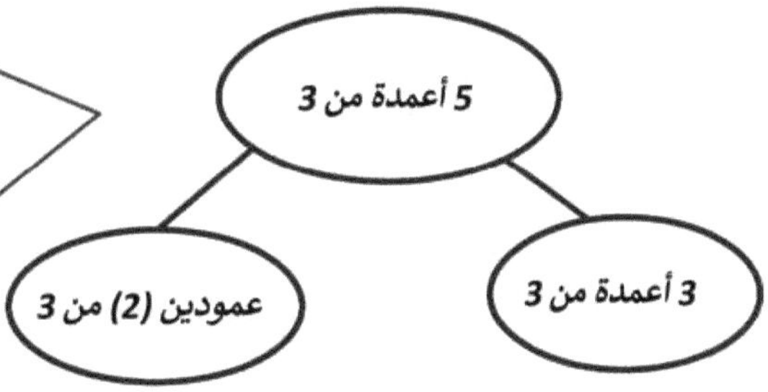

- 5 أعمدة من 3
  - عمودين (2) من 3
  - 3 أعمدة من 3

$3 + 3 = 6$ $3 + 3 + 3 = 9$

2. استخدم 16 بلاطة مربعة لتكوين مستطيل.

أ. __4__ صفوف من __4__ = __16__

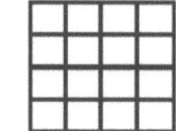

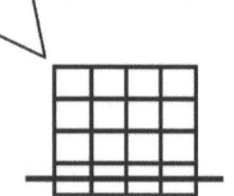

يمكنني حذف صف، وهو عبارة عن وحدة من 4،
وبالتالي فإن مستطيلي الجديد به 12 بلاطو مربعة.
12 = 4 + 4 + 4

__12__

ب. احذف صفًا واحدًا. ما عدد البلاطات المربعة الموجودة الآن؟ __12__

ج. احذف عمودًا وحدًا من المستطيل الجديد الذي أنشأته في الجزء (ب). ما عدد البلاطات المربعة الموجودة الآن؟ __9__

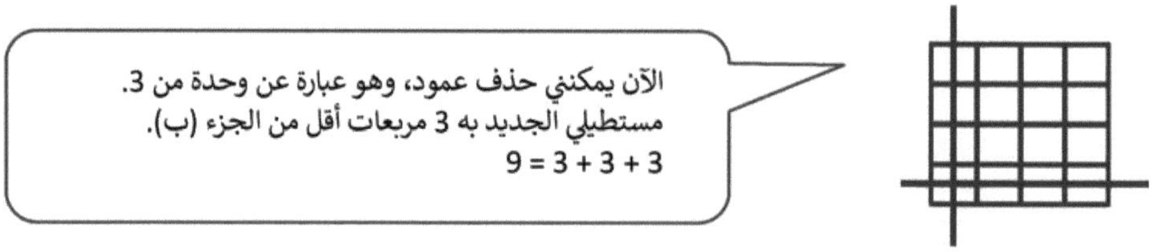

الآن يمكنني حذف عمود، وهو عبارة عن وحدة من 3.
مستطيلي الجديد به 3 مربعات أقل من الجزء (ب).
9 = 3 + 3 + 3

الاسم _____ التاريخ _____

قُص البلاطات المربعة واستخدِمها لإكمال الخطوات في كل مسألة.

المسألة 1

الخطوة 1: أنشئ مستطيلاً به 5 صفوف من 2.

الخطوة 2: افصل صفين من 2.

الخطوة 3: اكتب رابطة رقمية لتوضيح الكل والجزأين. اكتب جملة جمع متكرر لمطابقة كل جزء في رابطتك الرقمية

المسألة 2

الخطوة 1: أنشئ مستطيلاً به 4 أعمدة من 3.

الخطوة 2: افصل عمودين من 3.

الخطوة 3: اكتب رابطة رقمية لتوضيح الكل والجزأين. اكتب جملة جمع متكرر لمطابقة كل جزء في رابطتك الرقمية

3. استخدم 9 بلاطات مربعة لتكوين مستطيل به 3 صفوف.

أ. ________ صفوف من ________ = ________

ب. احذف صفًا واحدًا. ما عدد المربعات الموجودة الآن؟ ________

ج. احذف عمودًا وحدًا من المستطيل الجديد الذي أنشأته في الجزء 3(ب). ما عدد المربعات الموجودة الآن؟ ________

4. استخدم 14 بلاطة مربعة لتكوين مستطيل.

أ. ________ صفوف من ________ = ________

ب. احذف صفًا واحدًا. ما عدد المربعات الموجودة الآن؟ ________

ج. احذف عمودًا وحدًا من المستطيل الجديد الذي أنشأته في الجزء 4(ب). ما عدد المربعات الموجودة الآن؟ ________

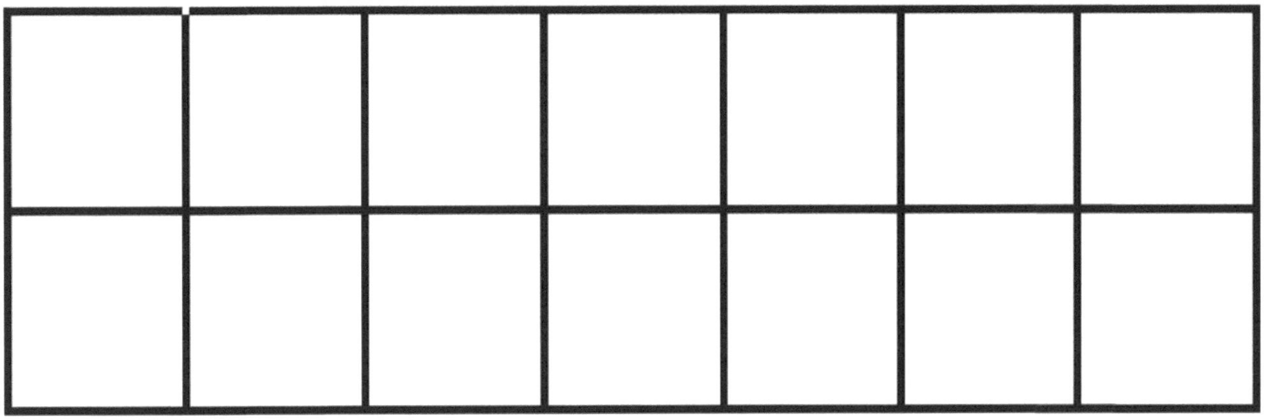

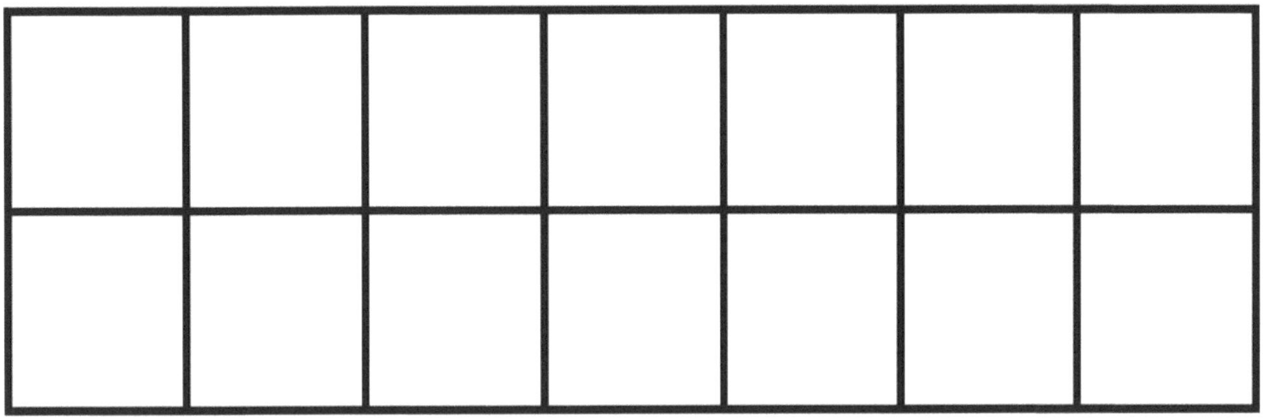

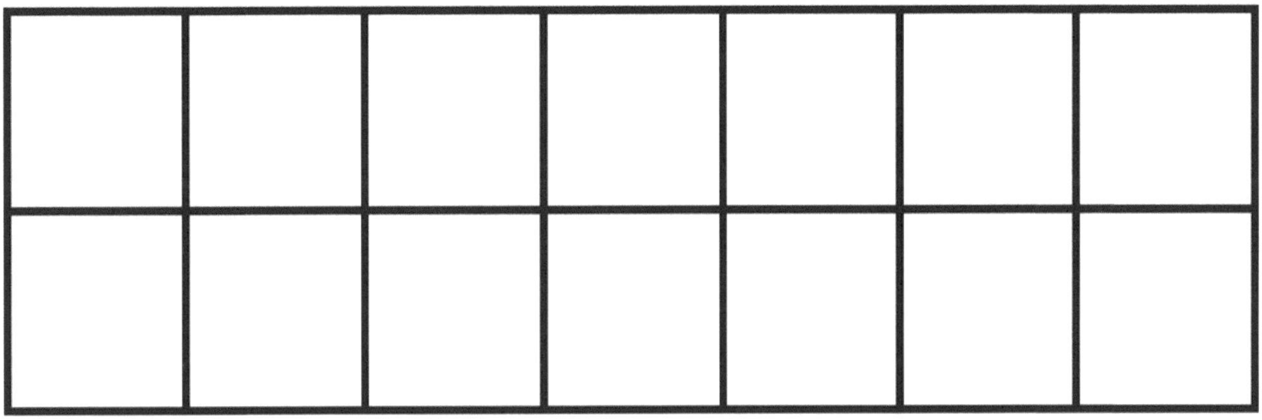

البلاطات المربعة

1. تخيَّل أنك قصصت هذا المستطيل إلى صفوف.

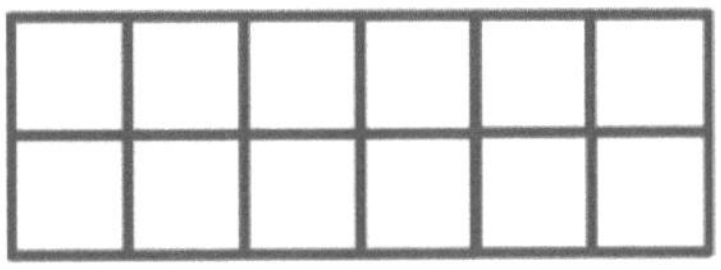

أ. ماذا ترى؟ ارسم صورة.

أستطيع تفكيك نفس المستطيل إلى صفوف وأعمدة. أستطيع أن أرى صفين (2) من 6.

ما عدد المربعات في كل صف؟ __6__

ب. تخيَّل أنك قصصت هذا المستطيل إلى أعمدة. ماذا ترى؟ ارسم صورة.

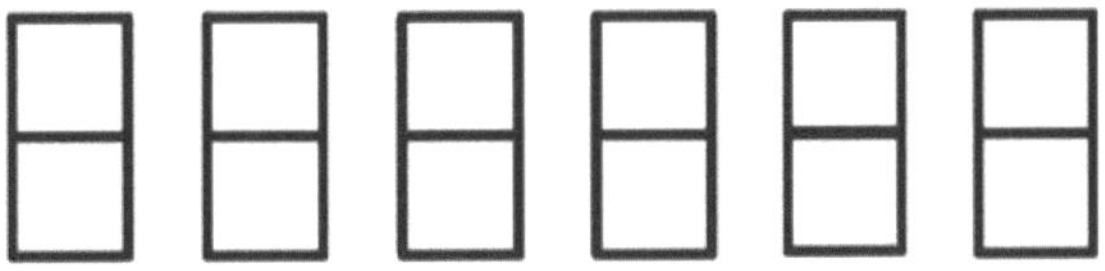

ما عدد المربعات في كل عمود؟ __2__

يمكنني أيضًا رؤية 6 أعمدة من 2.

2. أنشئ مستطيلاً آخرًا مستخدمًا عدد المربعات نفسه.

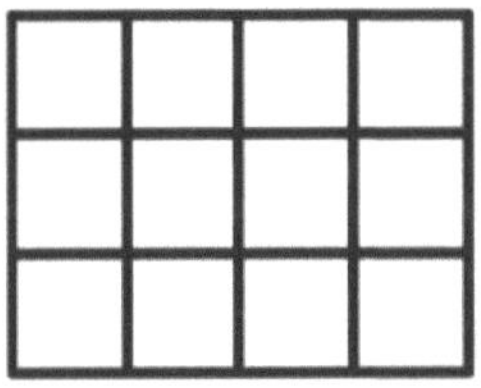

يمكنني عمل مستطيل آخر مع نفس المربعات الـ 12. يمكنني إعادة ترتيب صفين من 2 كصف واحد من 4. الآن، المستطيل به 3 صفوف من 4.

ما عدد المربعات في كل صف؟ __4__

ما عدد المربعات في كل عمود؟ __3__

الاسم ________________ التاريخ ____________

1. تخيَّل أنك قصصت هذا المستطيل إلى صفوف.

أ. ماذا ترى؟ ارسم صورة.

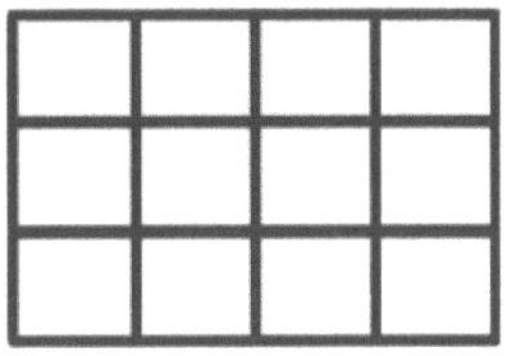

ما عدد المربعات في كل صف؟ _________

ب. تخيَّل أنك قصصت هذا المستطيل إلى أعمدة. ماذا ترى؟ ارسم صورة.

ما عدد المربعات في كل عمود؟ _________

2. أنشئ مستطيلاً آخرًا مستخدمًا عدد المربعات نفسه.

ما عدد المربعات في كل صف؟ _________

ما عدد المربعات في كل عمود؟ _________

EUREKA MATH

3. تخيَّل أنك قصصت هذا المستطيل إلى صفوف.

أ. ماذا ترى؟ ارسم صورة.

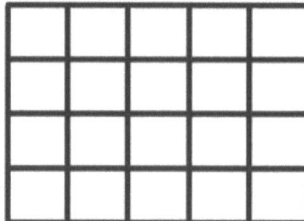

ما عدد المربعات في كل صف؟ _____

ب. تخيَّل أنك قصصت هذا المستطيل إلى أعمدة. ماذا ترى؟ ارسم صورة.

ما عدد المربعات في كل عمود؟ _____

4. أنشئ مستطيلاً آخرًا مستخدمًا عدد المربعات نفسه.

ما عدد المربعات في كل صف؟ _____
ما عدد المربعات في كل عمود؟ _____

1. ظلِّل مصفوفة بها 5 أعمدة من 4.

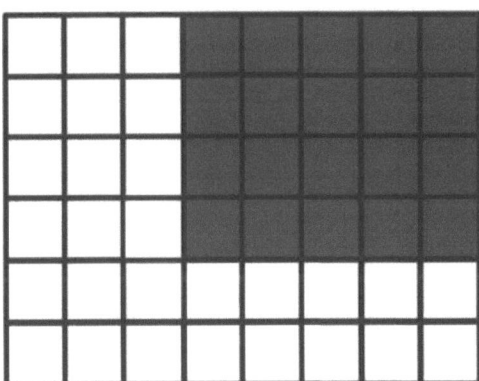

أستطيع تظليل عمود (1) من 4 وبعد 4 أعمدة أخرى من 4. أستطيع أن أقول أن كل عمود به مجموعة، أو وحدة، من 4.

اكتب معادلة جمع متكرر للمصفوفة.

أرى 5 أعمدة من 4، أو 5 أربعات. أستطيع استخدام الأزواج للجمع. 8 + 8 + 4 = 20. لقد ظللت 20 مربعًا في الإجمالي.

$4 + 4 + 4 + 4 + 4 = 20$

2. ارسم صفًا واحدًا آخر ثم عمودين آخرين لتكوين مصفوفة جديدة.

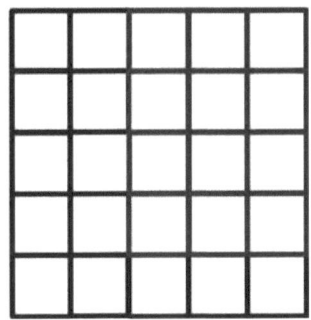

أولاً، أستطيع رسم صف آخر من 3. الآن يوجد 5 صفوف من 3. بعد ذلك يمكنني رسم عمودين (2) أكثر. وهذا يكوّن 5 أعمدة من 5 إجمالاً.

اكتب معادلة جمع متكرر للمصفوفة الجديدة.

$5 + 5 + 5 + 5 + 5 = 25$

أرى 5 أعمدة من 5، أو 5 خمسات. يمكنني العد بالتخطي بالخمسات. يوجد إجمالي 25 مربعًا.

الاسم _____ التاريخ _____

1. ظلِّل مصفوفة بها 3 صفوف من 2.

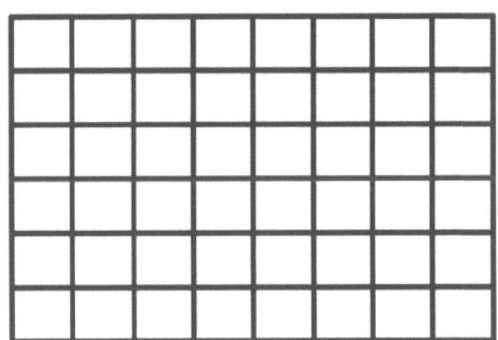

اكتب معادلة جمع متكرر للمصفوفة.

_____

2. ظلِّل مصفوفة بها صفان من 4.

اكتب معادلة جمع متكرر للمصفوفة.

_____

3. ظلِّل مصفوفة بها 4 أعمدة من 5.

اكتب معادلة جمع متكرر للمصفوفة.

_____

4. ارسم عمودًا واحدًا آخر من 2 لتكوين مصفوفة جديدة.

اكتب معادلة جمع متكرر
للمصفوفة الجديدة.

____

5. ارسم صفًا واحدًا آخرًا من 3 ثم عمودًا واحدًا آخرًا لتكوين مصفوفة جديدة.

اكتب معادلة جمع متكرر
للمصفوفة الجديدة.

____

6. ارسم صفًا واحدًا آخر ثم عمودين آخرين لتكوين مصفوفة جديدة.

اكتب معادلة جمع متكرر للمصفوفة الجديدة.

____

1. ظلِّل لإنشاء نسخة من التصميم على ورق الرسم البياني الفارغ.

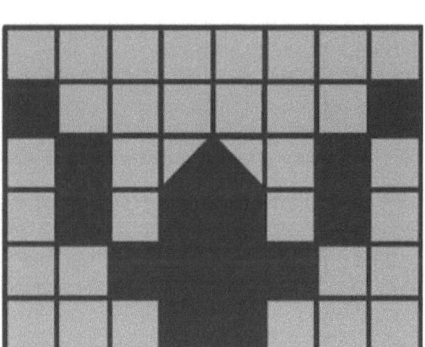 

أستطيع استخدام البلاطات المربعة لوضع المستطيلات مع بعضها وتفكيكها. انظر، أرى أن بعض المربعات نصف مظللة فقط لعمل مثلثات! عندما أقوم بعمل التصميمات، يتعين علي الانتباه الشديد للصفوف والأعمدة حتى أظلل المربعات الصحيحة.

2. استخدم الأقلام الرصاص الملونة لإنشاء تصميم في جزء المربعات المحدد. أنشئ شكل فسيفساء بتكرار التصميم في كل مكان.

الوحدة الأساسية التي أكررها هي 3 صفوف و 3 أعمدة. أستطيع عمل نفس التصميم مرة أخرى عبر التظليل في نفس النمط. أعرف أن هذا النمط يمكن أن يستمر إذا واصلت تكرارها.

الدرس 16 الواجبات المنزلية

الاسم _____ التاريخ _____

1. ظلِّل لإنشاء نسخة من التصميم على ورق الرسم البياني الفارغ.

أ.

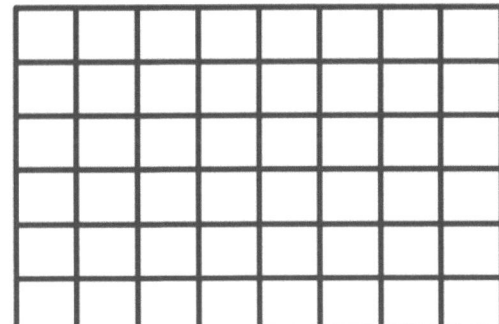 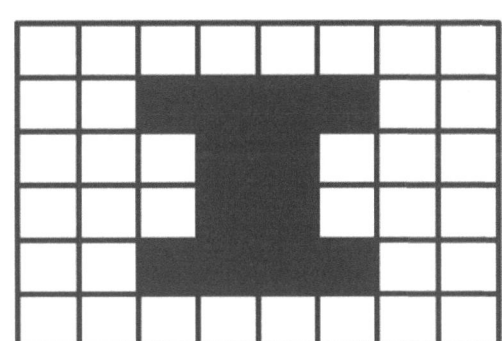

ب.

 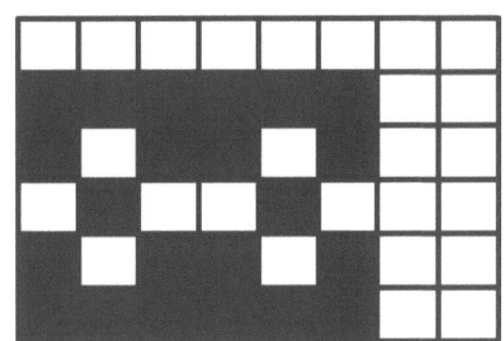

ج.

 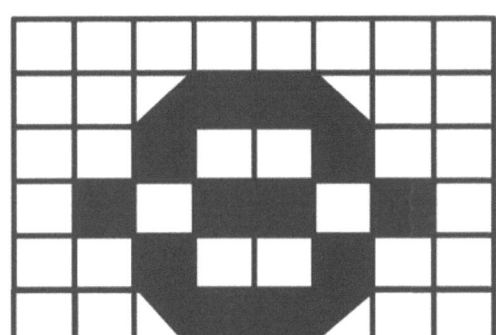

2. أنشئ تصميمين مختلفين.

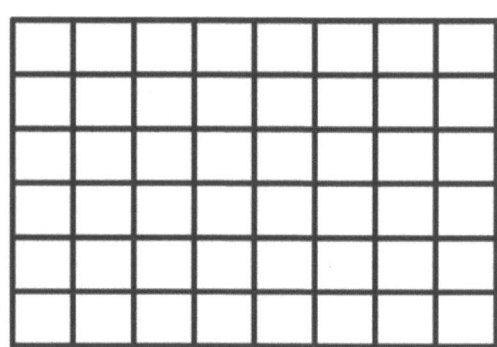 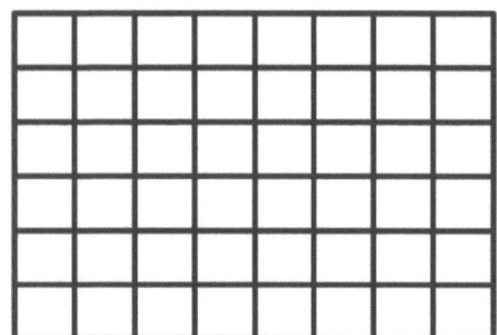

3. استخدم الأقلام الرصاص الملونة لإنشاء تصميم في جزء المربعات المحدد. أنشئ شكل فسيفساء بتكرار التصميم في كل مكان.

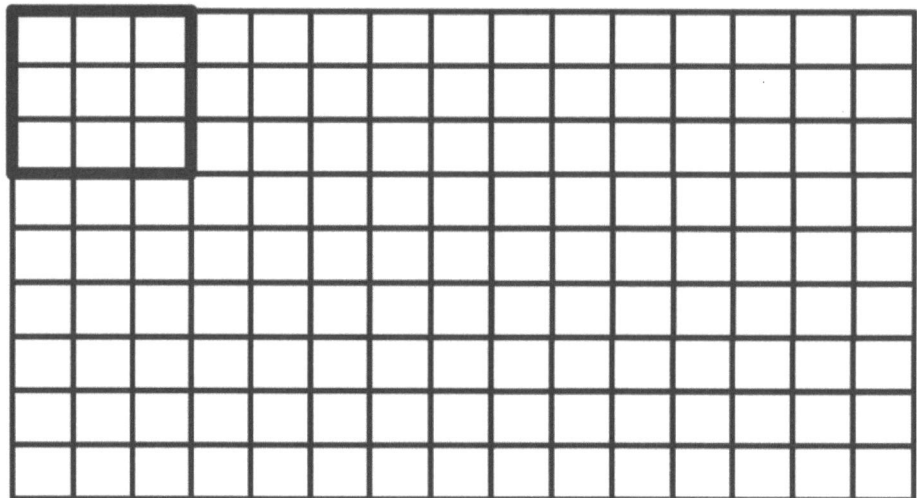

1. ارسم لمضاعفة المجموعة التي تراها. أكمل الجمل، واكتب معادلة جمع.

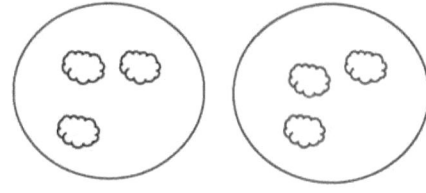

يوجد __3__ سحابات في كل مجموعة.

__3__ + __3__ = __6__

أعرف أنه عندما يكون كلا المضافين هو نفس العدد، يكون لدي أزواج.
1 + 1 = 2, 2 + 2 = 4, 3 + 3 = 6، وهكذا. تؤدي مضاعفة العدد
دائمًا إلى عدد مزدوج حتى عندما يكون هناك 3 كائنات في كل مجموعة.

2. ارسم مصفوفة للمجموعة أدناه. أكمل الجمل.

صفان من 5

يوجد 5 عدادات في كل مجموعة. يمكنني مضاعفة صف
من 5 وكتابة جملة رقمية للمطابقة، 5 + 5 = 10.
عندما أنظر إلى المصفوفة، أعرف مباشرة أنه هناك
عدد زوجي من الكائنات لأنني أضاعف عدد، 5.

2 صفوف من 5 = __10__

__5__ + __5__ = __10__

5 مضاعفة تساوي __10__.

EUREKA MATH

الاسم ______________________________ التاريخ ______________

1. ارسم لمضاعفة المجموعة التي تراها. أكمل الجمل، واكتب معادلة جمع.

أ.

يوجد _______ نجمة في كل مجموعة.

_______ + _______ = _______

b.

يوجد _______ نجمة في كل مجموعة.

_______ + _______ = _______

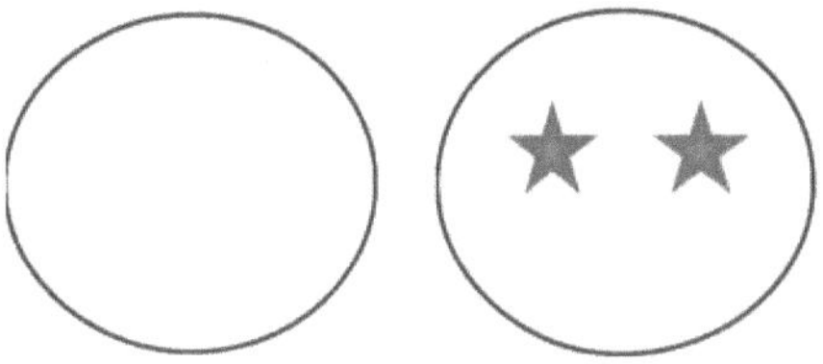

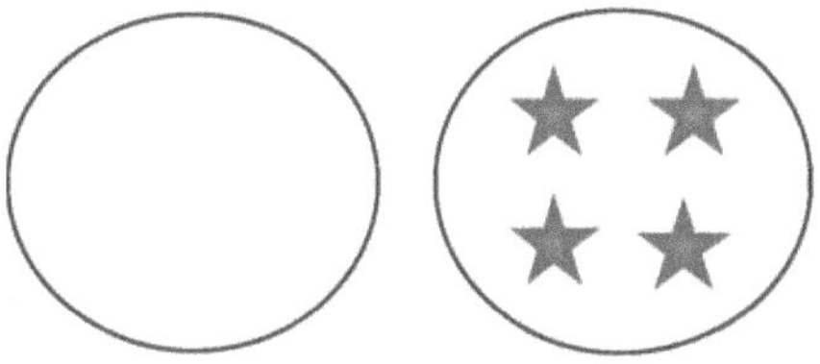

ج.

يوجد نجمة _______ في كل مجموعة.

_______ + _______ = _______

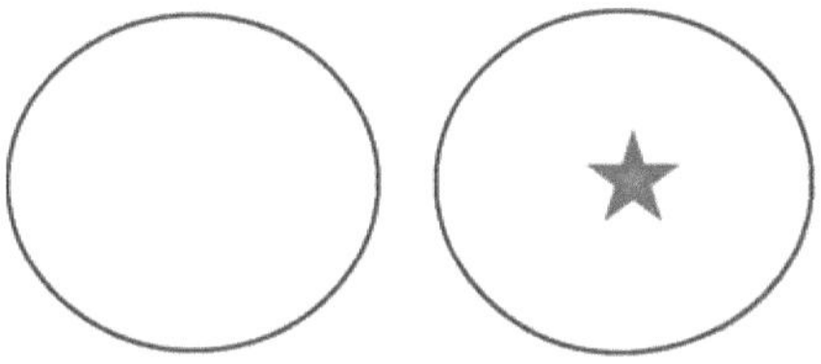

د.

يوجد _______ نجمة في كل مجموعة.

_______ + _______ = _______

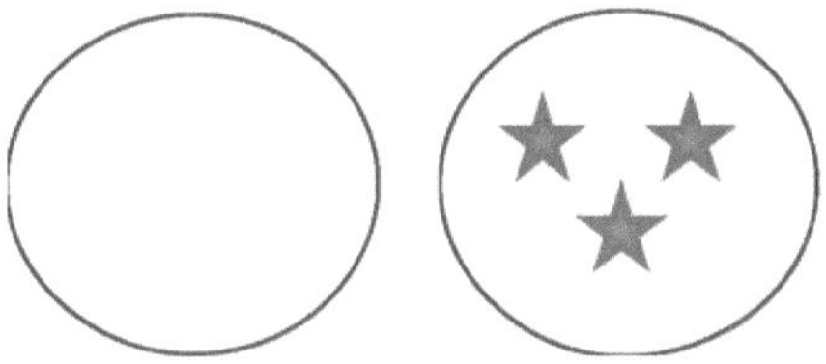

هـ.

يوجد _______ نجمة في كل مجموعة.

_______ + _______ = _______

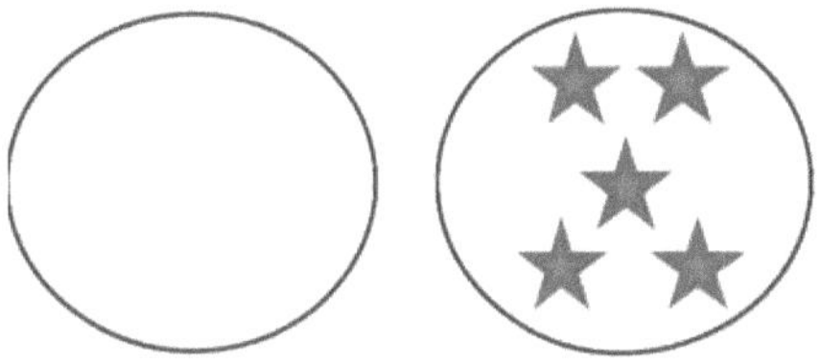

2. ارسم مصفوفة لكل مجموعة. أكمل الجمل. رُسمت المصفوفة الأولى للتوضيح.

أ. صفان من 6

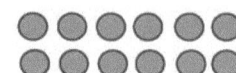

_____ = صفان من 6

_____ + _____ = _____

ضِعف 6 هو _____ .

ب. صفان من 7

_____ = صفان من 7

_____ + _____ = _____

ضِعف 7 هو _____ .

ج. صفان من 8

_____ صفوف من _____ = _____

_____ + 8 = _____

ضِعف 8 هو _____ .

د. صفان من 9

_____ = صفان من 9

_____ + _____ = _____

ضِعف 9 هو _____ .

هـ. صفان من 10

_____ صفوف من _____ = _____

_____ + 10 = _____

ضِعف 10 هو _____ .

3. اكتب المجاميع من المسألة 1. _____

اكتب المجاميع من المسألة 2. _____

هل الأعداد التي كتبتها زوجية أم لا؟ _____

اشرح كيف تتشابه الأعداد وكيف تختلف.

1. صنف الكائنات في أزواج، وعِد زوجيًا لتحدد ما إذا كان عدد الكائنات زوجيًا.

زوجي/ غير زوجي

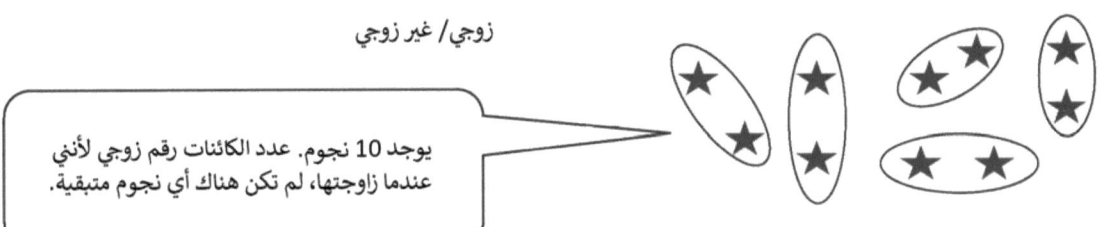

يوجد 10 نجوم. عدد الكائنات رقم زوجي لأنني عندما زاوجتها، لم تكن هناك أي نجوم متبقية.

يوجد __5__ ثنائيات. يوجد __0__ ثنائيات متبقية.

عِد زوجيًا لإيجاد المجموع.

__2__، __4__، __6__، __8__، __10__

10 عدد زوجي لأنني أستطيع أن أقول 10 عند العد بالتخطي بالاثنين.

2. ارسم متبعًا نمط الأزواج في الفراغ أدناه لترسم 10 أزواج.

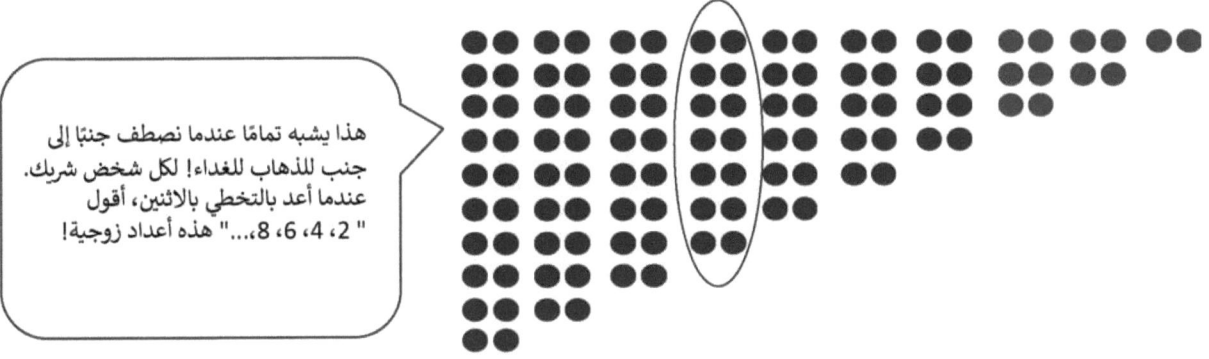

هذا يشبه تمامًا عندما نصطف جنبًا إلى جنب للذهاب للغداء! لكل شخص شريك. عندما أعد بالتخطي بالاثنين، أقول " 2، 4، 6، 8،..." هذه أعداد زوجية!

3. اكتب عدد النقاط في كل مصفوفة في المسألة 2 بالترتيب من الأصغر إلى الأكبر.

2، 4، 6، 8، 10، 12، 14، 16، 18، 20

4. ضع دائرة حول المصفوفة في المسألة 2 والتي يوجد بها 2 أعمدة من 7.

أستطيع عمل صفين من 7، و 7 + 7 = 14. حتى وإن كانت الأعداد التي أضيفها ليست زوجية، عندما أضاعفها، أحصل على عدد زوجي.

الاسم _____   التاريخ _____

1. صنف الكائنات في أزواج لتحدد ما إذا كان عدد الكائنات زوجيًا.

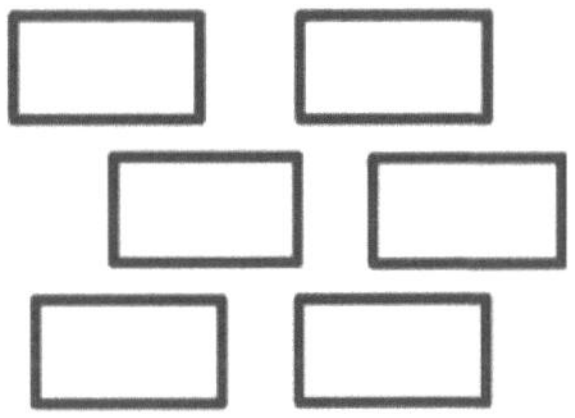

زوجي/غير زوجي

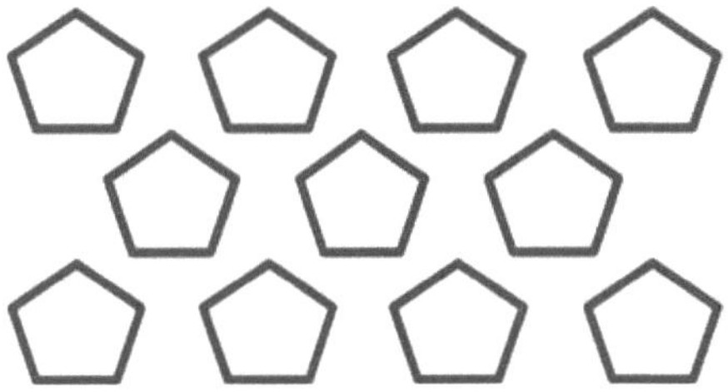

زوجي/غير زوجي

زوجي/غير زوجي

2. ارسم متبعًا نمط الأزواج في الفراغات أدناه حتى لا يتبقى لك أزواجًا لترسمها.

3. اكتب عدد القلوب في كل مصفوفة في المسألة 2 بالترتيب من الأصغر إلى الأكبر.

4. ضع دائرة حول المصفوفة في المسألة 2 التي يوجد بها عمودان من 6.

5. حدد المصفوفة التي بها عمودان من 8 في المسألة 2.

6. أعِد رسم مجموعة النجوم على شكل أعمدة مكونة من اثنين أو على شكل صفين متساويين.

يوجد _____ نجمة.

هل _____ عدد زوجي؟ _____

7. ضع دائرة حول مجموعة الاثنين. عِد زوجيًا لتري هل عدد الكائنات زوجي.

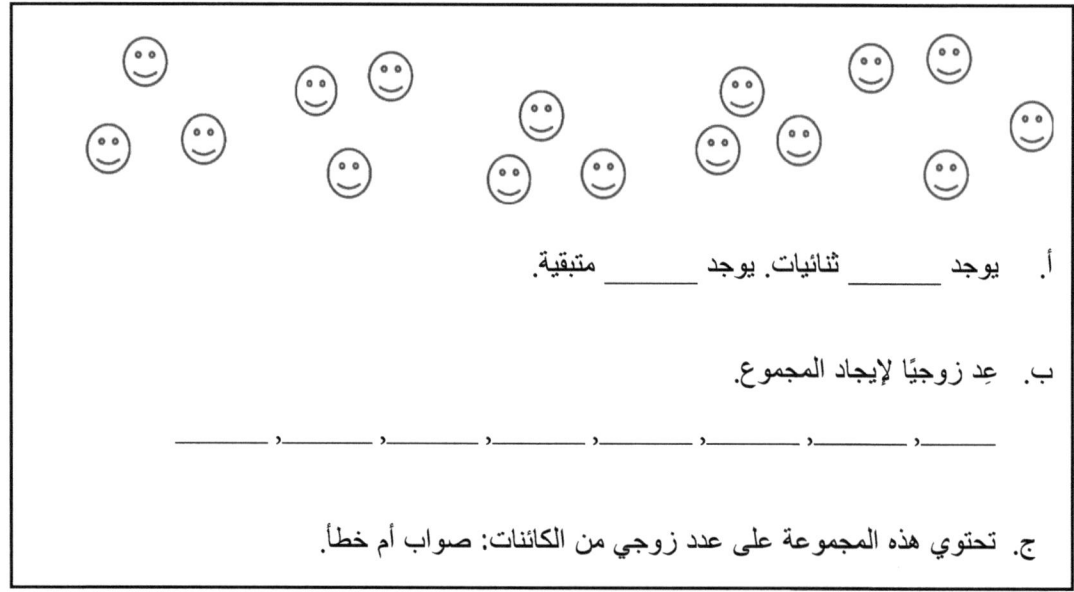

أ. يوجد _____ ثنائيات. يوجد _____ متبقية.

ب. عِد زوجيًا لإيجاد المجموع.

____,____,____,____,____,____,____

ج. تحتوي هذه المجموعة على عدد زوجي من الكائنات: صواب أم خطأ.

1. استخدم العد بالتخطي لعدّ الأعمدة في المصفوفة. تم حل المسألة الأولى للتوضيح.

2	4	6	8	10	12

أستطيع العد بالتخطي بالاثنين مستخدمًا الأعمدة في المصفوفة. إذا واصلت إضافة أعمدة من 2 إلى هذا النمط، أستطيع أن أقول، "14,16,18, 20." يوجد نمط في منزلة الآحاد! 0, 2, 4, 6, 8.

2. حل.

$1 + 1 =$ **2**

$2 + 2 =$ **4**

$3 + 3 =$ **6**

$4 + 4 =$ **8**

$5 + 5 =$ **10**

$6 + 6 =$ **12**

عندما أجد التضاعف، أرى نمطًا في الإجابات؛ إنها عد بالتخطي بالاثنينات.

3. **اكتب للتوضيح العدد الجمعي هل هو عدد زوجي أم فردي.**

$24 + 1 = 25$ زوجي + 1 = فردي	**$24 - 1 = 23$** زوجي − 1 = فردي

عند جمع 1 أو طرح 1 من عدد زوجي، يكون العدد الجديد دائمًا عددًا فرديًا!

4. هل **العدد** المكتوب بخط عريض زوجي أم فردي؟ ضع دائرة حول الإجابة واشرح كيف عرفت ذلك.

39 زوجي/فردي	الشرح: ***هذا العدد لا يحتوي على 0 أو 2 أو 4 أو 6 أو 8 في خانة الآحاد. أعرف أنَّ 40 عدد زوجي، لذا فإن ناتج 40 - 1 يجب أن يكون عددًا فرديًا.***

الاسم ______________________ التاريخ ____________

1. استخدم العد بالتخطي لعدّ الأعمدة في المصفوفة. تمت الإجابة عن الجزء الأول للتوضيح.

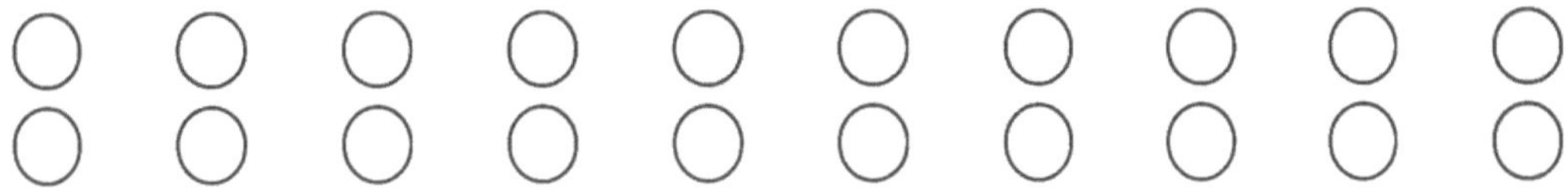

2 ___ ___ ___ ___ ___ ___ ___ ___ ___

2. أ. حل.

1 + 1 = ______	6 + 6 = ______
2 + 2 = ______	7 + 7 = ______
3 + 3 = ______	8 + 8 = ______
4 + 4 = ______	9 + 9 = ______
5 + 5 = ______	10 + 10 = ______

ب. كيف ترتبط المصفوفة في المسألة 1 بالإجابات في المسألة 2(أ)؟

____

____

____

3. أكمل الأعداد الزوجية الناقصة على خط الأعداد.

18، 20، ____، ____، 26، ____، 30، ____، 34، ____، 38، 40، ____، ____

4. أكمل الأعداد الفردية الناقصة على خط الأعداد.

0، ______، 2، ______، 4، ______، 6، ______، 8، ______، 10، ______، 12، ______، 14

5. اكتب لتوضيح ما إذا كانت **الأعداد** المكتوبة بخط عريض زوجية أم فردية. تم حل المسألة الأولى للتوضيح.

أ. **5 = 1 + 4** زوجي + 1 = فردي	ب. **14 = 1 + 13** ______ + 1 = ______	ج. **21 = 1 + 20** ______ + 1 = ______
د. **7 = 1 - 8** ______ - 1 = ______	هـ. **15 = 1 - 16** ______ - 1 = ______	و. **29 = 1 - 30** ______ - 1 = ______

6. هل **الأعداد** المكتوبة بخط عريض زوجية أم فردية؟ ضع دائرة حول الإجابة واشرح كيف عرفت ذلك.

أ. **21** زوجي/فردي	الشرح:
ب. **34** زوجي/فردي	الشرح:

1. استخدم الكائنات لإنشاء مصفوفة.

	مصفوفة	أعيد رسم صورتك مع 1 دائرة أقل.
	يوجد عدد زوجي / فردي (ضع دائرة واحدة) من الكائنات.	يوجد عدد زوجي / فردي (ضع دائرة واحدة) من الكائنات.

إذا رسمت دائرة واحدة أقل، يوجد عدد فردي من الكائنات. الآن، لا أرى مجموعتين متساويتين من 7.

2. حل. وضِّح ما إذا كان كل عدد فرديًا (ف) أم زوجيًا (ز).

24 = 13 + 11

ز = ف + ف

أعرف أن 11 و 13 أرقام فردية لأنها لا تتضمن 0 أو 2 أو 4 أو 6 أو 8 في منزلة الآحاد. عندما أجمع عددين فرديين، أحصل على رقم زوجي.

3. اكتب مثالين لكل حالة؛ وبجوار إجابتك، اكتب ما إذا كانت إجاباتك زوجية أم فردية. اجمع عددًا زوجيًا على عدد فردي.

$19 = 7 + 12$ فردي

$21 = 13 + 8$ فردي

أعرف أنه عندما أجمع عدد زوجي وعدد فردي، يكون الناتج عدد فردي. لا أستطيع عمل مجموعتين متساويتين مع 21 بلاطة، ولا أستطيع العد بالتخطي بالاثنينات حتى 21.

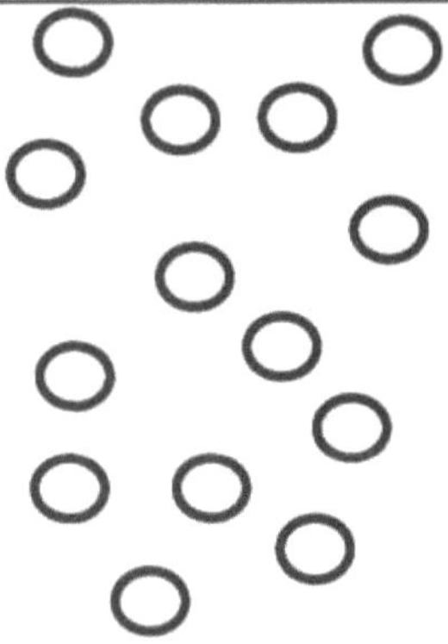

الاسم ______________________ التاريخ ____________

1. استخدم الكائنات لإنشاء مصفوفة بها صفان.

أ.	مصفوفة بها صفان يوجد عدد زوجي/فردي (ضع دائرة حول واحدة) من النجوم.	أعِد رسم الصورة مع نجمة *واحدة* أقل. يوجد عدد زوجي/فردي (ضع دائرة حول واحدة) من النجوم.
ب.	مصفوفة بها صفان يوجد عدد زوجي/فردي (ضع دائرة حول واحدة) من النجوم.	أعِد رسم الصورة مع نجمة 1 *واحدة* إضافية. يوجد عدد زوجي/فردي (ضع دائرة حول واحدة) من النجوم.
ج.	مصفوفة بها صفان يوجد عدد زوجي/فردي (ضع دائرة حول واحدة) من النجوم.	أعِد رسم الصورة مع نجمة *واحدة* أقل. يوجد عدد زوجي/فردي (ضع دائرة حول واحدة) من النجوم.

2. حل. وضِّح ما إذا كان كل عدد فرديًا (ف) أم زوجيًا (ز) على السطور أدناه.

أ. 6 + 6 = _____   هـ. 7 + 8 = _____
   _____ + _____ = _____   _____ + _____ = _____

ب. 8 + 13 = _____   و. 9 + 11 = _____
   _____ + _____ = _____   _____ + _____ = _____

ج. 9 + 15 = _____   ز. 7 + 14 = _____
   _____ + _____ = _____   _____ + _____ = _____

د. 17 + 8 = _____   ح. 9 + 9 = _____
   _____ + _____ = _____   _____ + _____ = _____

3. اكتب ثلاث جملة رقمية كأمثلة لإثبات صحة كل عبارة.

زوجي + زوجي = زوجي	زوجي + فردي = فردي	فردي + فردي = زوجي

4. اكتب مثالين لكل حالة. بجوار إجابتك، اكتب ما إذا كانت إجاباتك زوجية أم فردية. تم حل السؤال الأول من أجلك.

أ. اجمع عددًا زوجيًا بعدد زوجي.

32 + 8 = 40 زوجي

_____

ب. اجمع عددًا فرديًا على عدد زوجي.

_____

ج. قم بإضافة عدد فردي إلى عدد فردي.

_____

الصف 2
الوحدة 7

2•7 الدرس 1 مساعد الواجبات المنزلية

1. عِد كل صورة وصنفها لإكمال الجدول بعلامات العد.

بدون أرجل	2 أرجل	4 أرجل
I	III	III

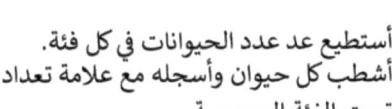

أستطيع عد عدد الحيوانات في كل فئة.
أشطب كل حيوان وأسجله مع علامة تعداد تحت الفئة الصحيحة.

2. استخدم جدول تصنيف الحيوانات للإجابة عن الأسئلة التالية حول نوع الحيوانات التي وجدها طلاب السيدة/ لي بالصف الثاني في حديقة الحيوان المحلية.

أعرف أن هذا السؤال يطلب مني إيجاد إجمالي عدد الطيور أو الأسماك أو الزواحف في الجدول. لا يسأل عن عدد الفئات.

تصنيف الحيوانات			
طيور	أسماك	ثدييات	زواحف
6	5	11	3

أ. ما عدد الطيور والأسماك والزواحف؟ __14__ $14 = 3 + 5 + 6$

ب. كم يزيد عدد الطيور والثدييات عن عدد الأسماك والزواحف؟ __9__ $9 = 8 - 17$

ج. ما عدد الحيوانات المصنفة؟ __25__ $25 = 14 + 11 = 3 + 11 + 5 + 6$

د. إضافة 5 طيور آكثر و 2 زواحف آكثر إلى الجدول، فكم يقل عدد الزواحف عن عدد الطيور؟ __6__

يمكنني استخدام الجمع أو الطرح عندما أرى كم الكلمات كم يقل العدد.

$11 = \underline{6} + 5$ $\quad$ $11 = 5 + 6$ ***B***

$5 = 2 + 3$ ***R***

الاسم ____________________ التاريخ ____________

1. عِد كل صورة وصنفها لإكمال الجدول بعلامات العد.

بدون أرجل	2 أرجل	4 أرجل

2. عِد كل صورة وصنفها لإكمال الجدول بالأعداد.

فرو	ريش

3. استخدم جدول مواطن الحيوانات للإجابة عن الأسئلة التالية.

المواطن البيئية للحيوانات		
القطب الشمالي	الغابة	الأراضي العشبية
6	11	9

أ. ما عدد الحيوانات التي تعيش في القطب الشمالي؟ _____

ب. ما عدد الحيوانات التي لها مواطن بيئية في الغابة والأراضي العشبية؟ _____

ج. كم يقل عدد الحيوانات التي لها مواطن بيئية في القطب الشمالي عن الحيوانات التي لها مواطن بيئية في الغابة؟ _____

د. ما عدد الحيوانات التي نحتاج إلى إضافتها إلى فئة الأراضي العشبية بحيث يكون لها العدد نفسه لكل من فئتَي القطب الشمالي والغابة؟ _____

هـ. ما إجمالي عدد المواطن البيئية للحيوانات التي استُخدمت لإنشاء هذا الجدول؟ _____

4. استخدم جدول تصنيف الحيوانات للإجابة عن الأسئلة التالية حول الحيوانات الأليفة الموجودة في الصفوف الدراسية بمدرسة ويست تشيستر الابتدائية.

تصنيف الحيوانات			
طيور	أسماك	ثدييات	زواحف
7	15	18	9

أ. ما عدد الطيور والأسماك والزواحف؟ _____

ب. كم يزيد عدد الطيور والثدييات عن عدد الأسماك والزواحف؟ _____

ج. ما عدد الحيوانات المصنفة؟ _____

د. إذا أُضيف 3 طيور و4 زواحف أخرى إلى الجدول، فكم سيقل عدد الطيور عن عدد الزواحف الموجودة؟ _____

2•7 الدرس 2 مساعد الواجبات المنزلية

1. استخدم ورقة مربعات لإنشاء صورة رسم بياني أدناه باستخدام البيانات الموضحة في الجدول. ثم أجب عن الأسئلة.

تصنيف حيوانات حديقة سنترال بارك			
زواحف	ثدييات	أسماك	طيور
3	11	5	6

العنوان: تصنيف حيوانات حديقة سنترال بارك

أ. كم يزيد عدد الثدييات والأسماك عن عدد الطيور والزواحف؟ __7__

$11 + 5 = 16$ $6 + 3 = 9$ $16 - 9 = 7$

ب. كم يقل عدد الزواحف عن الثدييات؟ __8__

$11 - 3 = 8$

أستخدم الرسم البياني لمساعدتي في الإجابة على أسئلة المقارنة مثل كم يقل أو كم يزيد.

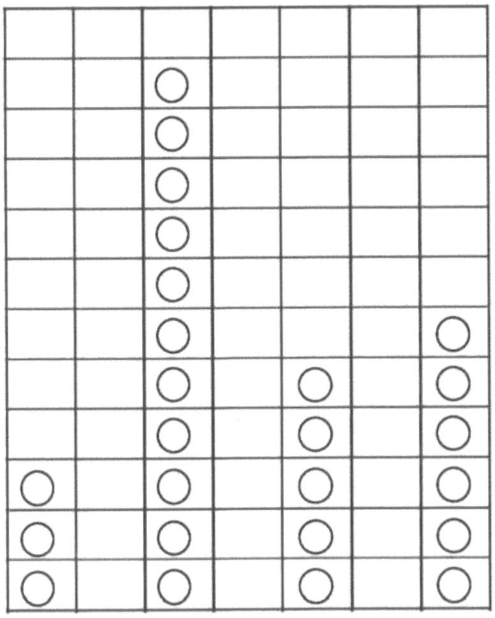

طيور   أسماك   ثدييات   زواحف

عنوان تفسيري: كل ⭕ يمثل حيوان واحد

أقوم بترتيب البيانات من الجدول في رسم بياني عمودي أضع الفئات بنفس ترتيبها في الجدول، لذلك لا أشعر بالارتباك. يجب علي أن أتذكر وضع عنوان وعنوان تفسيري.

2. استخدم الجدول أدناه لإنشاء صورة رسم بياني في الفراغ المحدد.

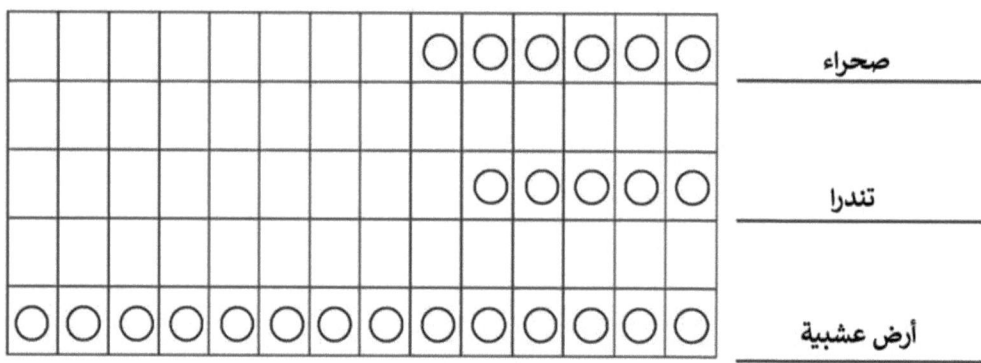

أرسم دائرة في كل مربع لتمثيل كل حيوان مسجل بعلامة تعداد في الجدول. تساعدني الدوائر على الرسم بكفاءة، ويوضح العنوان التفسيري ما تمثله.

الموائل الحيوانية		
صحراء	تندرا	أرض عشبية
卌 |	卌	卌 卌 ||||

العنوان: الموائل الحيوانية

صحراء	○	○	○	○	○	○								
تندرا	○	○	○	○	○									
أرض عشبية	○	○	○	○	○	○	○	○	○	○	○	○	○	○

عنوان تفسيري: كل واحد ○ يمثل حيوان واحد

أ. كم يزيد عدد الحيوانات التي تعيش في الأراضي العشبية عن الحيوانات التي تعيش في الصحراء؟ **8**

$$8 = 6 - 14$$

ب. كم يقل عدد الحيوانات التي تعيش في التندرا عن التي تعيش في الأراضي العشبية والصحراء مجتمعة؟ **15**

$$20 - 5 = 15 \qquad 14 + 6 = 20$$

السؤال الأول يسأل عن الزيادة. أستطيع الوصول إلى الإجابة عبر الطرح أو عد الدوائر الإضافية في مخطط الصورة للأرض العشبية مقارنة مع الصحراء. يوجد 8 دوائر إضافية.

الاسم ______________________________ التاريخ ______________

1. استخدم ورقة مربعات لإنشاء صورة رسم بياني أدناه باستخدام البيانات الموضحة في الجدول. ثم أجب عن الأسئلة.

الثدييات المفضلة			
النمر	دب الباندا	نمر الثلوج	الغوريلا
8	11	7	12

العنوان: ______________________

______ ______ ______ ______

عنوان تفسيري: ______________________

أ. كم يزيد عدد الأشخاص الذين اختاروا الغوريلا عن عدد الذين اختاروا النمر كالحيوان الثديي المفضل لديهم؟ __________

ب. كم يزيد عدد الأشخاص الذين اختاروا الغوريلا عن عدد الذين اختاروا دب الباندا ونمر الثلوج كالحيوان الثديي المفضل لديهم؟ __________

ج. كم يقل عدد الأشخاص الذين اختاروا النمر عن عدد الذين اختاروا دب الباندا كالحيوان الثديي المفضل لديهم؟ __________

د. اكتب سؤال مقارنة من عندك وأجب عنه بناءً على البيانات.

السؤال: ____

الإجابة: ____

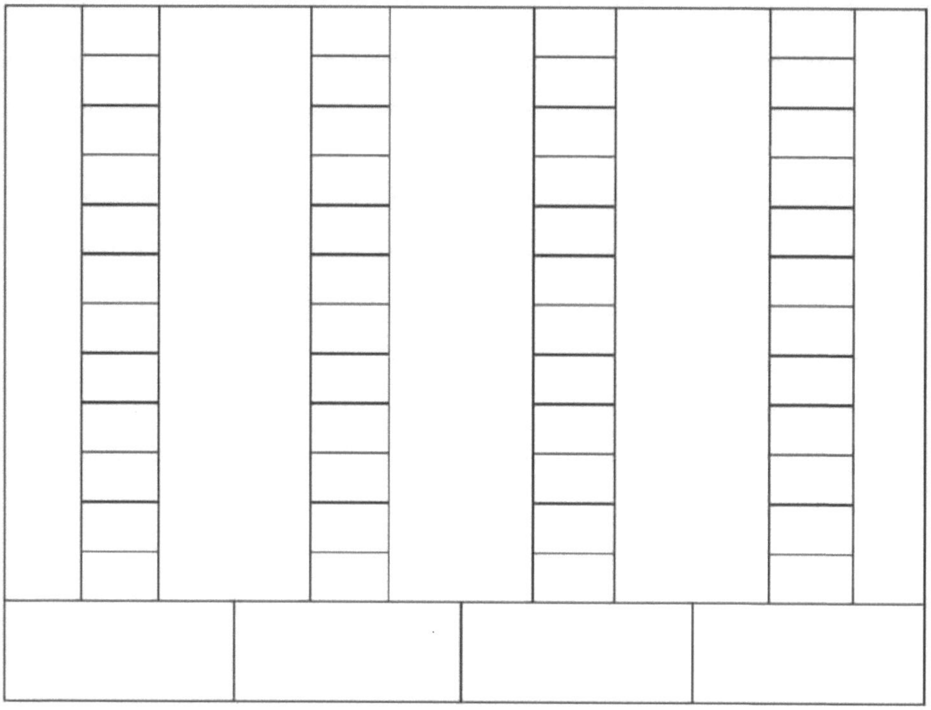

الدرس 2 الواجبات المنزلية

_____

عنوان تفسيري: _____

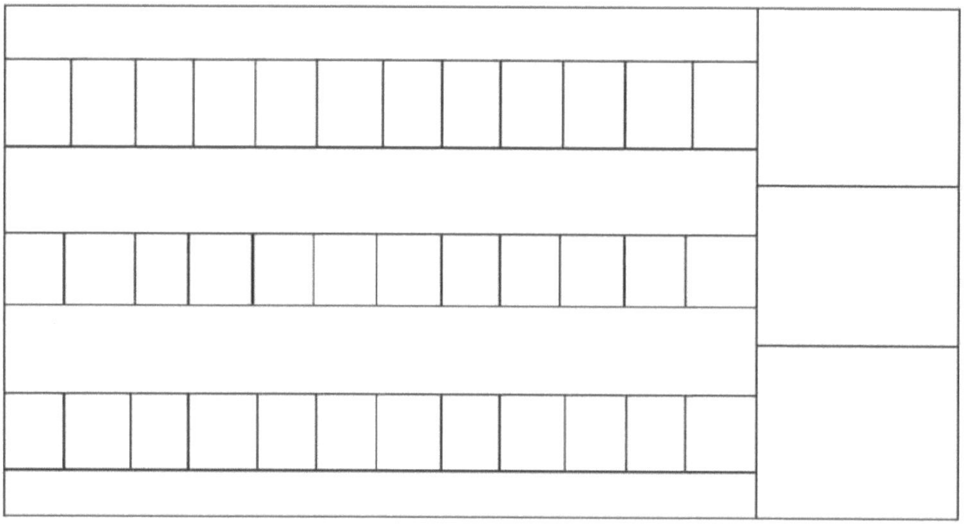

عنوان تفسيري: _____

الدرس 2: ارسم صورة رسم بياني وسمّها لتمثيل البيانات بما يصل إلى 4 فئات.

2. استخدم بيانات التصويت في صف السيد/ كلارك لإنشاء صورة رسم بياني في الفراغ المحدد.

الطيور المفضلة		
البطِريق	فلامينغو	الطاووس
𝍸 |	𝍸	𝍸 𝍸 ||||

العنوان: ____________________

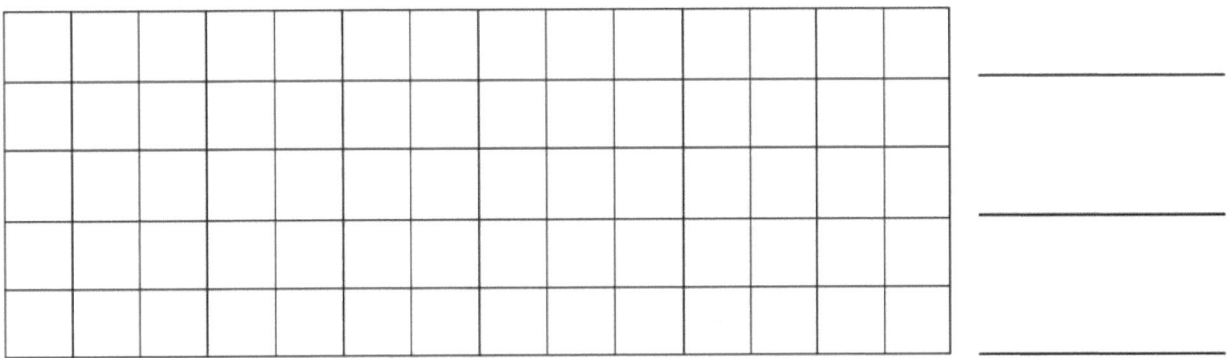

عنوان تفسيري: ____________________

أ. كم يزيد عدد الطلاب الذين اختاروا الطاووس عن عدد الطلاب الذين اختاروا البطريق؟ ________

ب. كم يقل عدد الطلاب الذين اختاروا الفلامينغو عن عدد الطلاب الذين اختاروا الطاووس؟ ________

ج. اكتب سؤال مقارنة من عندك وأجب عنه بناءً على البيانات.

السؤال: ____

الإجابة: ____

أكمل العمود البياني أدناه باستخدام البيانات الموضحة في الجدول.

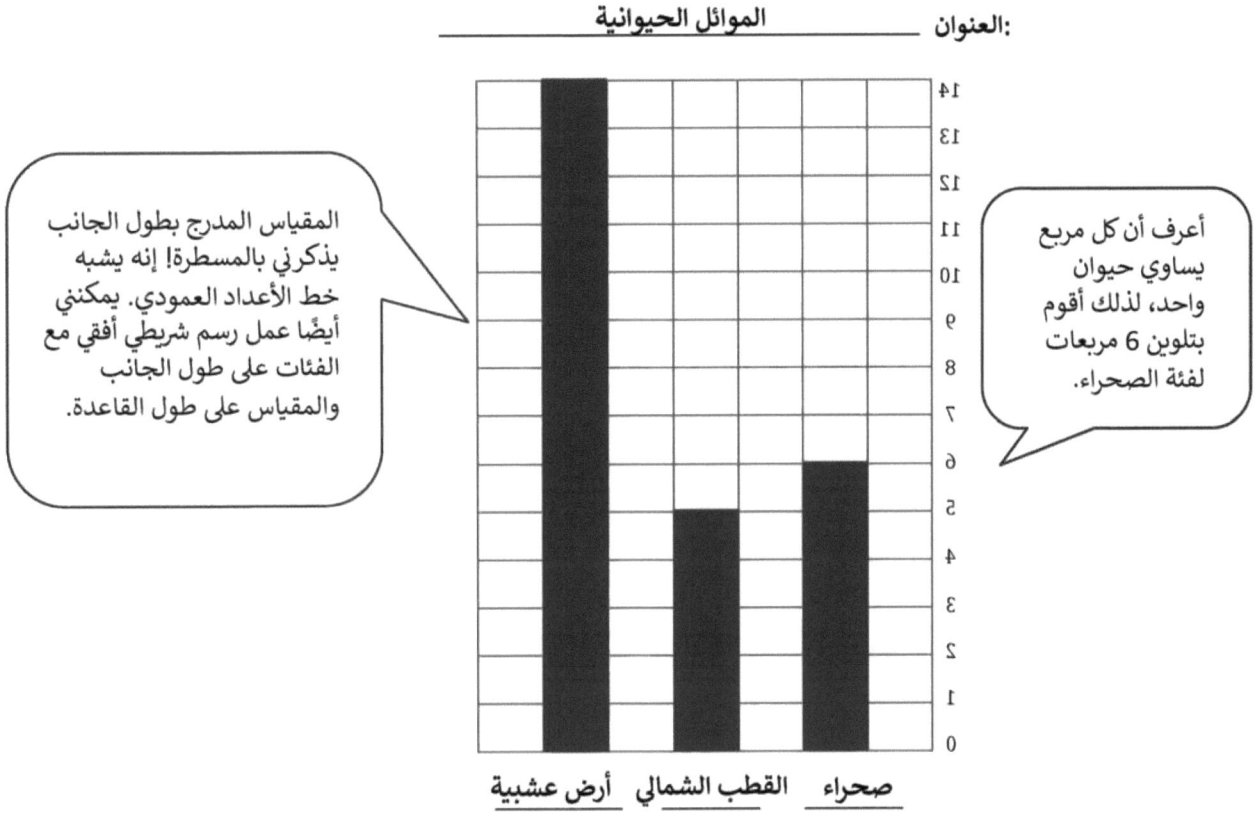

المواطن البيئية للحيوانات		
الصحراء	القطب الشمالي	الأرض العشبية
𝍸 |	𝍸	𝍸 𝍸 ||||

العنوان: الموائل الحيوانية

أعرف أن كل مربع يساوي حيوان واحد، لذلك أقوم بتلوين 6 مربعات لفئة الصحراء.

المقياس المدرج بطول الجانب يذكرني بالمسطرة! إنه يشبه خط الأعداد العمودي. يمكنني أيضًا عمل رسم شريطي أفقي مع الفئات على طول الجانب والمقياس على طول القاعدة.

أ. ما إجمالي عدد الحيوانات التي تعيش في المواطن البيئية الثلاثة؟ 25

$$25 = 14 + 11 = 14 + 5 + 6$$

ب. كم يزيد عدد الحيوانات التي تعيش في الأراضي العشبية عن التي تعيش في الصحراء والقطب الشمالي مجتمعة؟ ___3___

$$14 - 11 = 3 \qquad 6 + 5 = 11$$

> عندما أجمع عدد المربعات التي لونتها للصحراء والقطب الشمالي، لأعد 11. أنظر إلى الرسم وأرى أن 11 أقل 3 من 14، وهو عدد الحيوانات التي تعيش في الأرض العشبية.

ج. إذا حُذف حيوانان من كل فئة، فكم سيكون عدد الحيوانات الموجودة؟ ___19___

$$19 = 12 + 3 + 4$$

الاسم _____ التاريخ _____

1. أكمل العمود البياني أدناه باستخدام البيانات الموضحة في الجدول. ثم أجب عن الأسئلة المتعلقة بالبيانات.

أغطية الحيوانات المختلفة في متجر جيك للحيوانات الأليفة			
حراشف	صدف	ريش	فراء
11	8	9	12

العنوان: _____

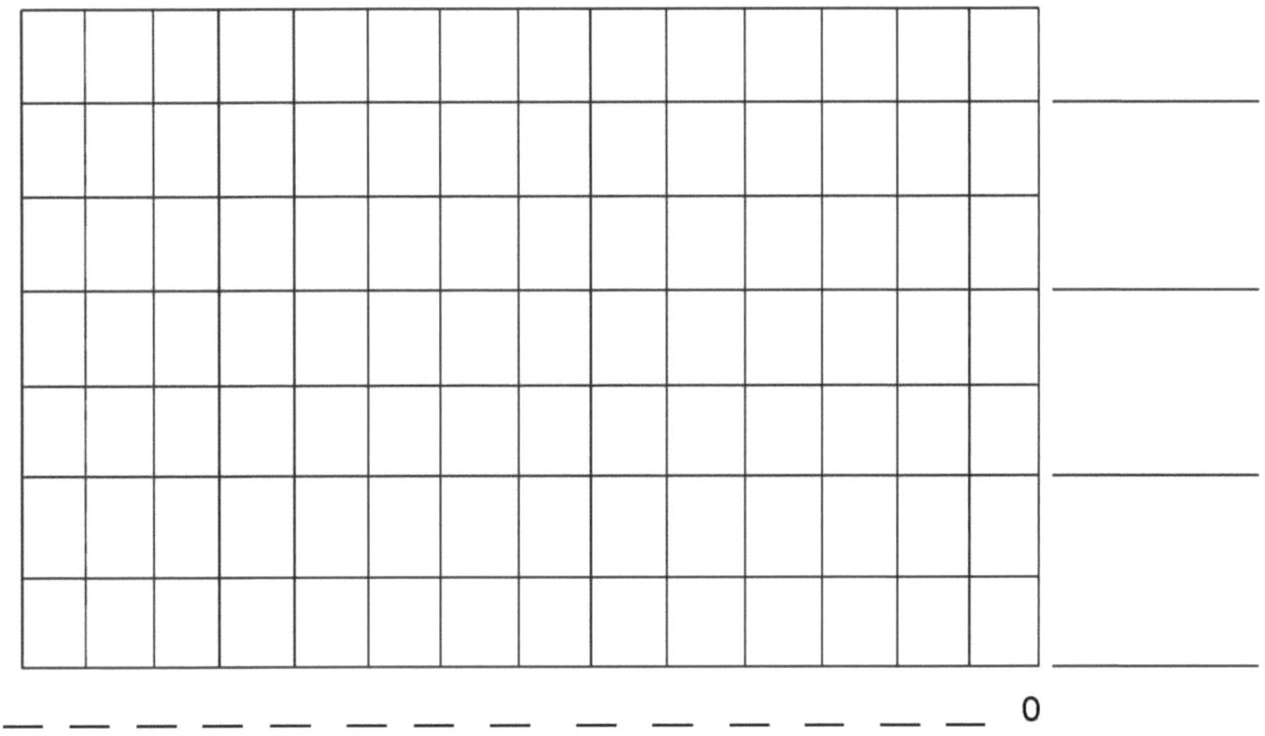

أ. كم يزيد عدد الحيوانات التي لها فراء عن عدد الحيوانات التي لها صدفة؟ ___

ب. ما الفئتان اللتان تحتويان على عدد أكثر، فئتا الفراء والريش أم فئتا الصدفة والحراشف؟ (ضع دائرة على واحدة منهما). كم مقدار الزيادة؟ ___

ج. اكتب سؤال مقارنة من عندك وأجب عنه بناءً على البيانات.

السؤال: _____

الإجابة: _____

2. أكمل العمود البياني أدناه باستخدام البيانات الموضحة في الجدول.

الأنظمة الغذائية للحيوانات في مأوى المدينة		
لحوم ونباتات	نباتات فقط	لحوم فقط
𝍷𝍷𝍷𝍷𝍷 𝍷𝍷𝍷𝍷𝍷 𝍷𝍷𝍷𝍷	𝍷𝍷𝍷𝍷𝍷 𝍷𝍷𝍷𝍷	𝍷𝍷𝍷𝍷𝍷 𝍷𝍷𝍷

العنوان: _____

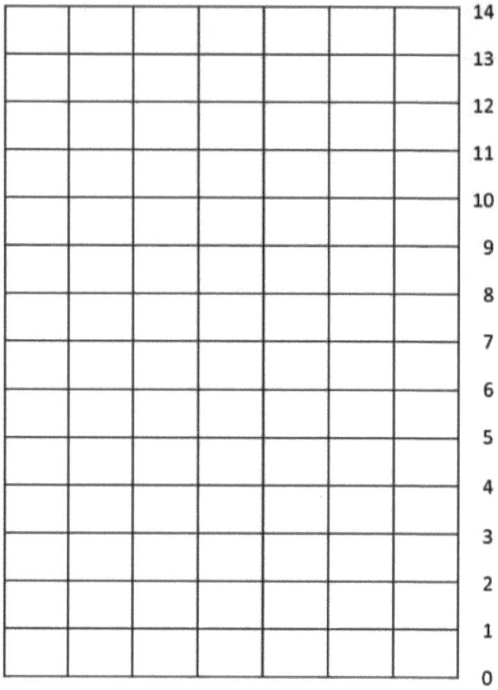

أ. ما إجمالي عدد الحيوانات في مأوى المدينة؟ _____

ب. كم يزيد عدد الحيوانات التي تأكل اللحوم والنبات عن عدد الحيوانات التي تأكل اللحوم فقط؟ _____

ج. إذا حُذف 3 حيوانات من كل فئة، فكم سيكون عدد الحيوانات المتبقية؟ _____

د. اكتب سؤال مقارنة من عندك بناءً على البيانات، وأجب عنه.

السؤال: _____

الإجابة: _____

أكمل العمود البياني باستخدام جدول أنواع الحشرات التي عدَّتها أليسيا في المتنزه. ثم أجب عن الأسئلة التالية.

قبل أن أتمكن من تسجيل البيانات، أحتاج إلى كتابة عنوان للرسم، وأعنون الفئات الأربعة، وأكتب مقياس رقمي في الأسفل.

أنواع الحشرات			
فراشات	عناكب	نحل	جراد
5	14	12	7

العنوان: ***أنواع الحشرات***

فراشات
عناكب
نحل

لونت 5 مربعات للفراشات لأن كل مربع يمثل وحدة واحدة.

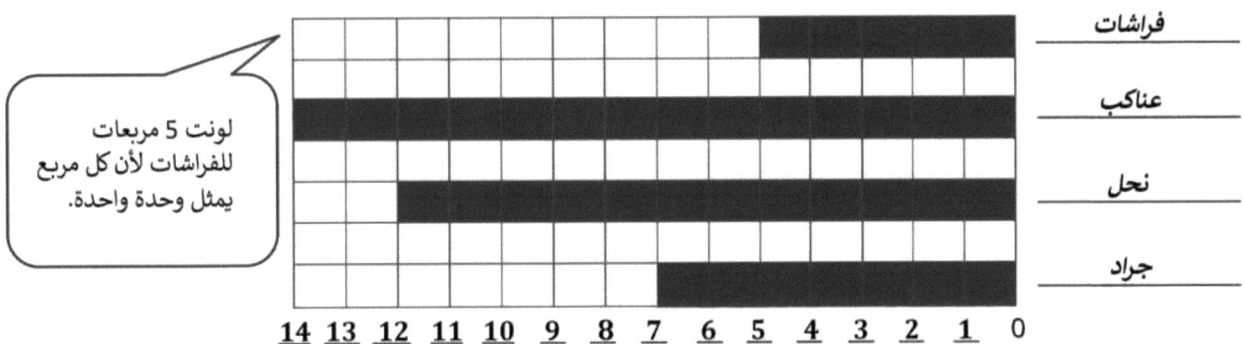

أ. كم يزيد عدد النحلات عن عدد الجنادب في المتنزه؟ **5**

$12 = ___ + 7$

ب. ما عدد الحشرات التي عدَّتها أليسيا في المتنزه؟ **38**

$__ = 5 + 14 + 12 + 7$

$19 + 19$

$20 + 20 - 2 = 38$

أعرف أنني أستطيع الجمع في أي ترتيب واستخدام الإستراتيجية الأفضل بالنسبة لي. عندما أجمع 19 + 19، أفكر في جمع 20 + 20. ةلكن بعد ذلك أحتاج إلى طرح 2 لأن كل إضافة تقل 1 عن 20.

ج. كم يقل عدد الفراشات عن عدد النحلات والجنادب المعدودة في المتنزه؟ **14**

$12 + 7 = 19$ $\qquad$ $19 - 5 = 14$

أستطيع إجابة اسئلة المقارنة مستخدمًا البيانات من الرسم. هنا طرحت 19 - 5 = 14. في الجزء (أ)، فكرت في الجزء المفقود لحل 7 + _ = 12.
أستطيع استخدام كلتا العمليتين!

EUREKA MATH

الاسم ____________________ التاريخ ______________

1. أكمل العمود البياني باستخدام جدول أنواع الزواحف الموجودة في حديقة الحيوانات المحلية. ثم أجب عن الأسئلة التالية.

أنواع الزواحف			
الثعابين	السحالي	السلاحف	السلاحف البرية
13	11	7	8

العنوان: ______________________

______
______
______
______

0 __ __ __ __ __ __ __ __ __ __ __ __ __ __

أ. ما عدد الزواحف في حديقة الحيوانات؟ ______

ب. كم يزيد عدد الثعابين عن عدد السحالي والسلاحف في حديقة الحيوانات؟ ______

ج. كم يقل عدد السلاحف والسلاحف البرية عن عدد الثعابين والسحالي في حديقة الحيوانات؟

______

د. اكتب سؤال مقارنة يمكن الإجابة عنه باستخدام البيانات الموجودة في العمود البياني.

____

2. أكمل العمود البياني بالمسميات والأعداد مستخدمًا عدد الحيوانات المائية التي رأتها إميلي أثناء الغوص.

الحيوانات المائية			
أسماك القرش	أسماك الرقيطة	نجم البحر	أسماك فرس البحر
6	9	14	13

العنوان: ________________

14
9
6
4
1

________ ________ ________ ________

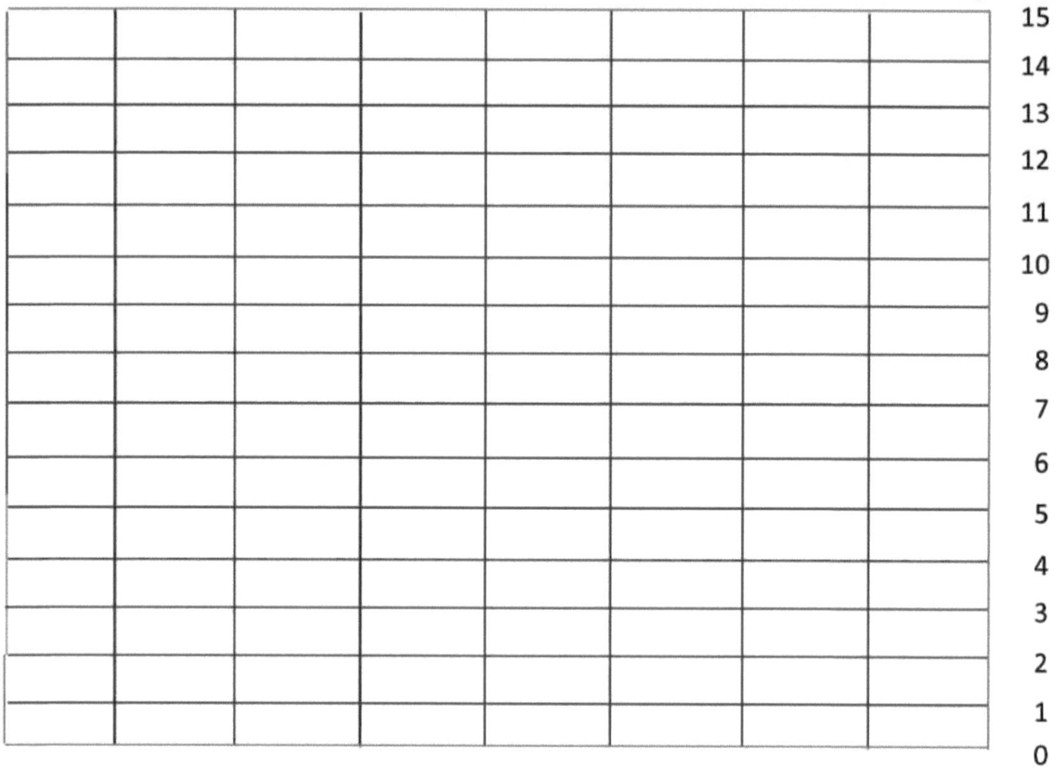

أ. كم يزيد عدد نجوم البحر عن عدد أسماك القرش التي رأتها إميلي؟ _______

ب. كم يقل عدد أسماك الرقيطة عن عدد أسماك فرس البحر التي رأتها إميلي؟ _______

ج. اكتب سؤال مقارنة يمكن الإجابة عنه باستخدام البيانات الموجودة في العمود البياني.

____

استخدم الجدول لإكمال الرسم البياني العمودي. ثم أجب عن الأسئلة التالية.

عدد الدايمات المُتبرع بها			
ماديسون	روز	بيلا	ميغيل
15	9	12	11

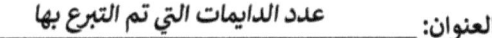

العنوان: عدد الدايمات التي تم التبرع بها

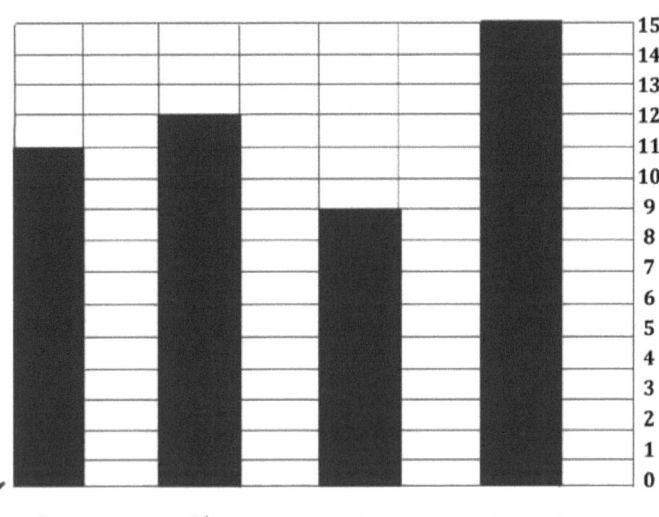

15
12
9
5
2
1
ماديسون
روز
بيلا

أعلم أن بداية مقياس العد تبدأ عند 0، وليس 1.

أ. كم يقل عدد الدايمات التي تبرعت بها بيلا عما تبرع به روس وميغيل؟ 8

$20 = 11 + 9$ $\qquad$ $20 = ____ + 12$

ب. كم دايمة إضافية يحتاج إليها ماديسون بحيث يتبرع بالمبلغ نفسه الذي تبرع به روس وبيلا؟ 6

$21 = 12 + 9$ $\qquad$ $21 = ____ + 15$

ج. ما إجمالي الدايمات المُتبرع بها؟ __47__

$15 + 9 + 12 + 11 =$ ___

27 20

$27 + 20 = 47$

أستطيع استخدام الرياضة الذهنية لإيجاد المجموع. أستطيع تكوين عشرة: 9 + 11 = 20. من السهل جمع العشرات والآحاد عندما أجمع 15 و 12. إذن، 27 + 20 = 47.

د. ضع دائرة حول الاثنين اللذين تبرعا بأكبر عدد من الدايمات، (ماديسون وروز) من بين ماديسون وروس أو بيلا وميغيل.
كم فارق الزيادة؟ __1__

$24 = 9 + 15$ $23 = 11 + 12$ $1 = 23 - 24$

الاسم ________________________ التاريخ ______________

1. استخدم الجدول لإكمال العمود البياني. ثم أجب عن الأسئلة التالية.

عدد النيكلات

جاستن	ميليسا	ميجان	دوجلاس
13	9	12	7

العنوان: ______________________

__ __ __ __ __ __ __ __ __ __ __ __ __ __ __

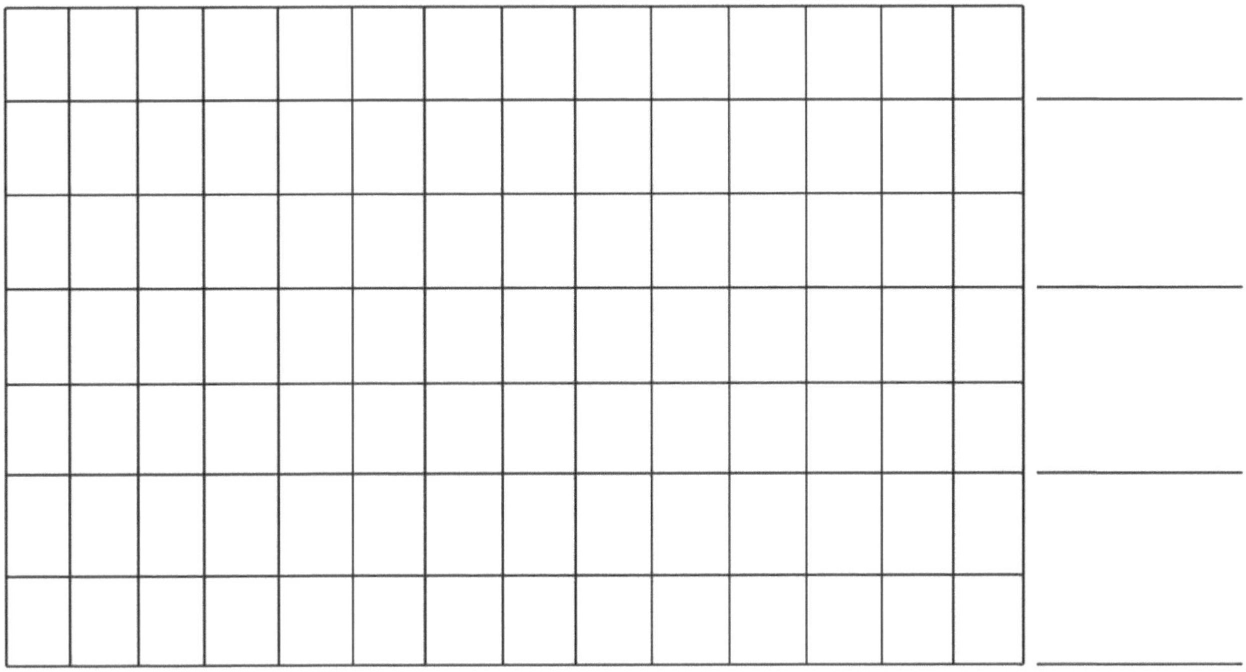

أ. كم يزيد عدد النيكلات التي تمتلكها ميجان عن تلك التي تمتلكها ميليسا؟ ________

ب. كم يقل عدد النيكلات التي يمتلكها دوجلاس عن تلك التي يمتلكها جاستن؟ ________

ج. ضع دائرة حول الاثنين اللذين يمتلكان أكبر عدد من النيكلات، من بين جاستن وميليسا أو دوجلاس وميجان.
كم فارق الزيادة؟ ________

د. ما إجمالي عدد النيكلات إذا جمع كل الطلاب كل المال الموجود معهم؟

____

EUREKA MATH

2. استخدم الجدول لإكمال العمود البياني. ثم أجب عن الأسئلة الآتية.

الدايمات المُتبرع بها

كايلي	توم	جون	شانون
12	10	15	13

العنوان: ____________________

_______ _______ _______ _______

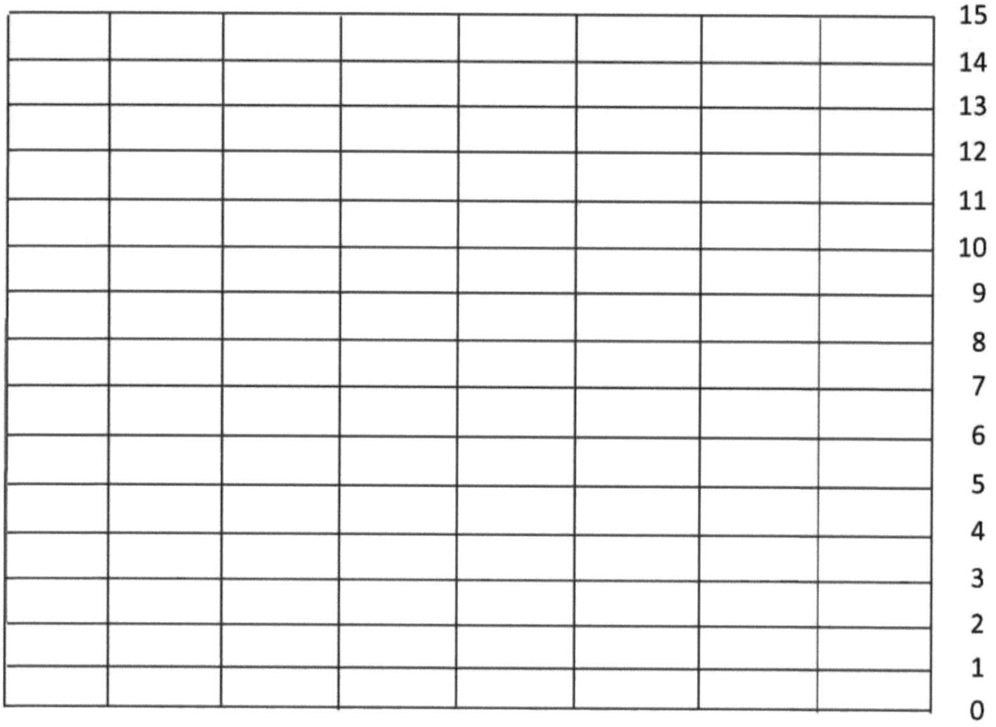

أ. ما عدد الدايمات التي تبرعت بها شانون؟ _______

ب. كم يقل عدد الدايمات التي تبرعت بها كايلي عما تبرع بها جون وشانون؟ _______

ج. ما عدد الدايمات الإضافية التي يحتاج إليها توم بحيث يتبرع بالمبلغ نفسه الذي تبرعت به شانون وكايلي؟ _______

د. ما إجمالي الدايمات المُتبرع بها؟ _______

عِد أو اجمع لإيجاد القيمة الإجمالية لكل مجموعة من العملات المعدنية.

اكتب القيمة مستخدمًا رمز السنت أو الدولار.

7¢		.1
13¢		.2
20¢		.3
18¢		.4
31¢		.5

أعرف أن 5 و 2 تكوّن 7، وبالتالي فإن 5 سنتات و 2 سنت تكون 7 سنتات.

أرى دايم، والذي يساوي 10 سنتات، وأرى أيضًا 2 نيكل، عملتين (2) بقيمة 5 سنت، وهذا يكون 10 سنات أخرى. المجموع يساوي 20 سنتًا!

استطيع أيضًا العد تصاعديًا للحل: 10, 15, 16,17, 18. لا يمكن أن أنسى رمز السنتات.

عندما أعد العملات، أبدأ بالقيمة الأكبر أولاً. يعمل هذا على تسهيل جمعها وإيجاد المجموع! الكوارتر والنيكل يكوّن 30، زائد البنس يساوي 31. هذا أكثر سهولة من جمع 25 + 6. الإجمالي يساوي 31 سنت!

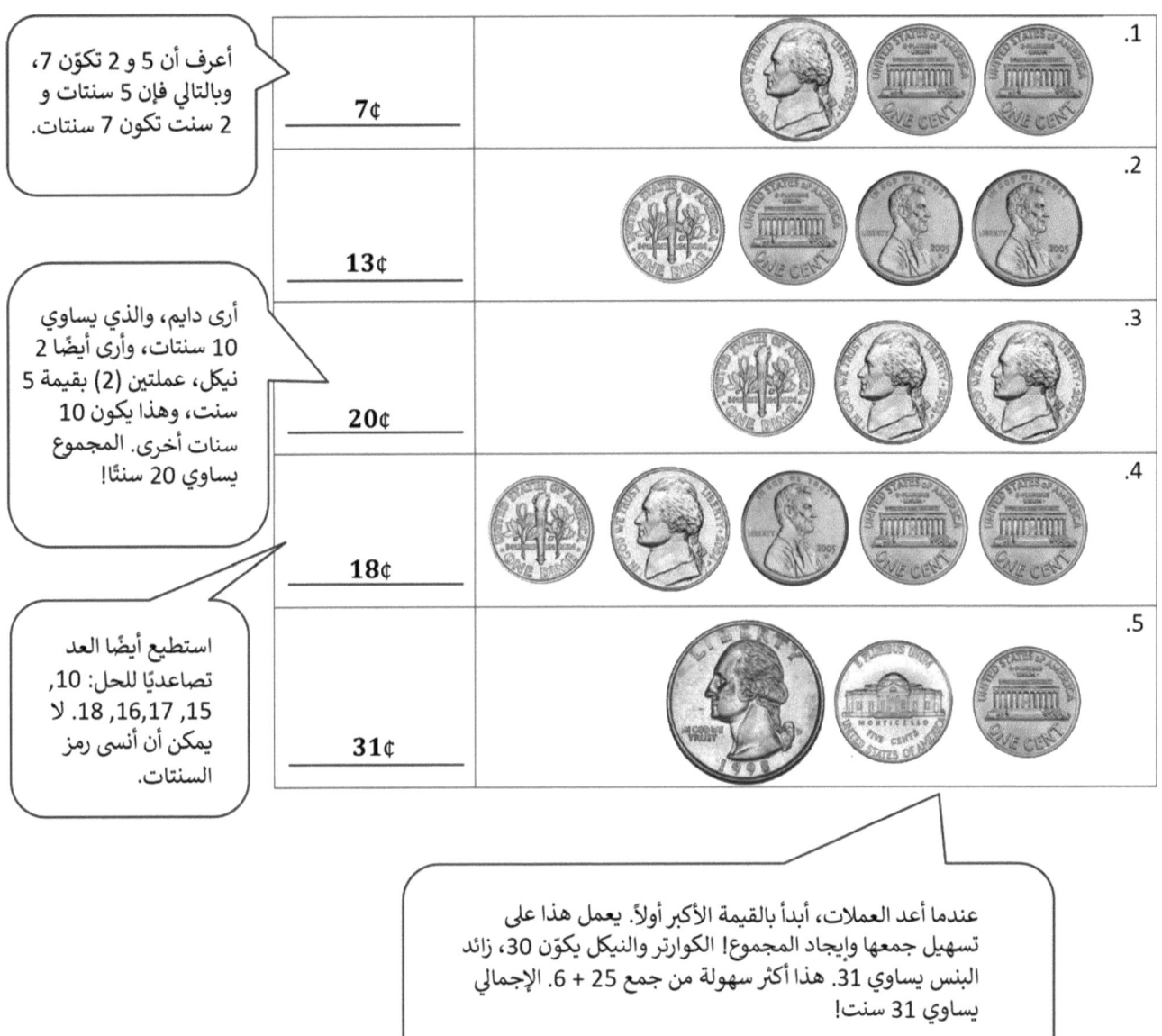

.6

90¢

أعرف أن 2 كوارتر تكوّن 50 سنتًا، لذا أبدأ من هناك. الدايمات لها أكبر قيمة تالية، لذا أضيفها. يوجد 3 دايمات، وبالتالي أضيف 30 سنتًا. بعد ذلك يوجد 2 نيكل، لذا أضيف 10 سنتات أخرى. الإجمالي هو 90 سنتًا!

.7

$1

أستطيع تكوين العشرة التالية عبر إضافة النيكل إلى الكوارتر. يعمل هذا على تسهيل جمع كل الدايمات. 25 + 5 = 30، وبعد ذلك أعد بالتخطي 40, 50,..., 100 100 سنت تساوي واحد دولار!

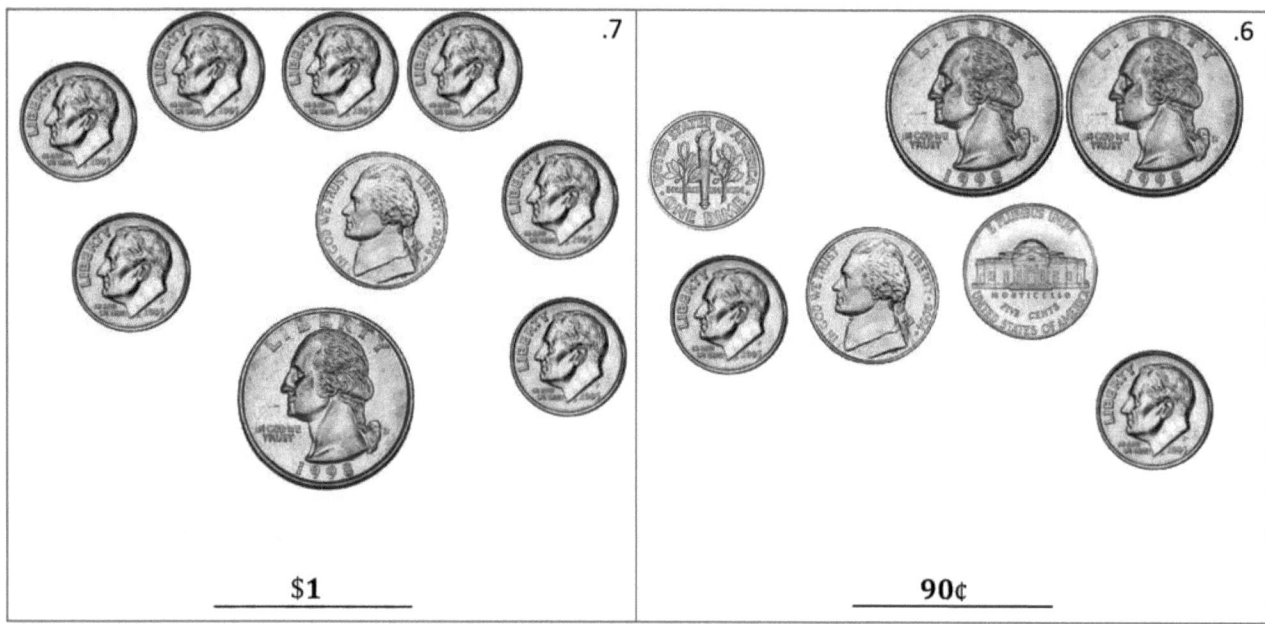

الاسم ________________ التاريخ ________

عِد أو اجمع لإيجاد القيمة الإجمالية لكل مجموعة من العملات المعدنية.
اكتب القيمة مستخدمًا رمز السنت أو الدولار.

.1		______
.2		______
.3		______
.4		______
.5		______
.6		______
.7		______

.8

____

.9

____

.10

____

.11

____

.12

____

.13

____

.14

____

.15

____

EUREKA MATH

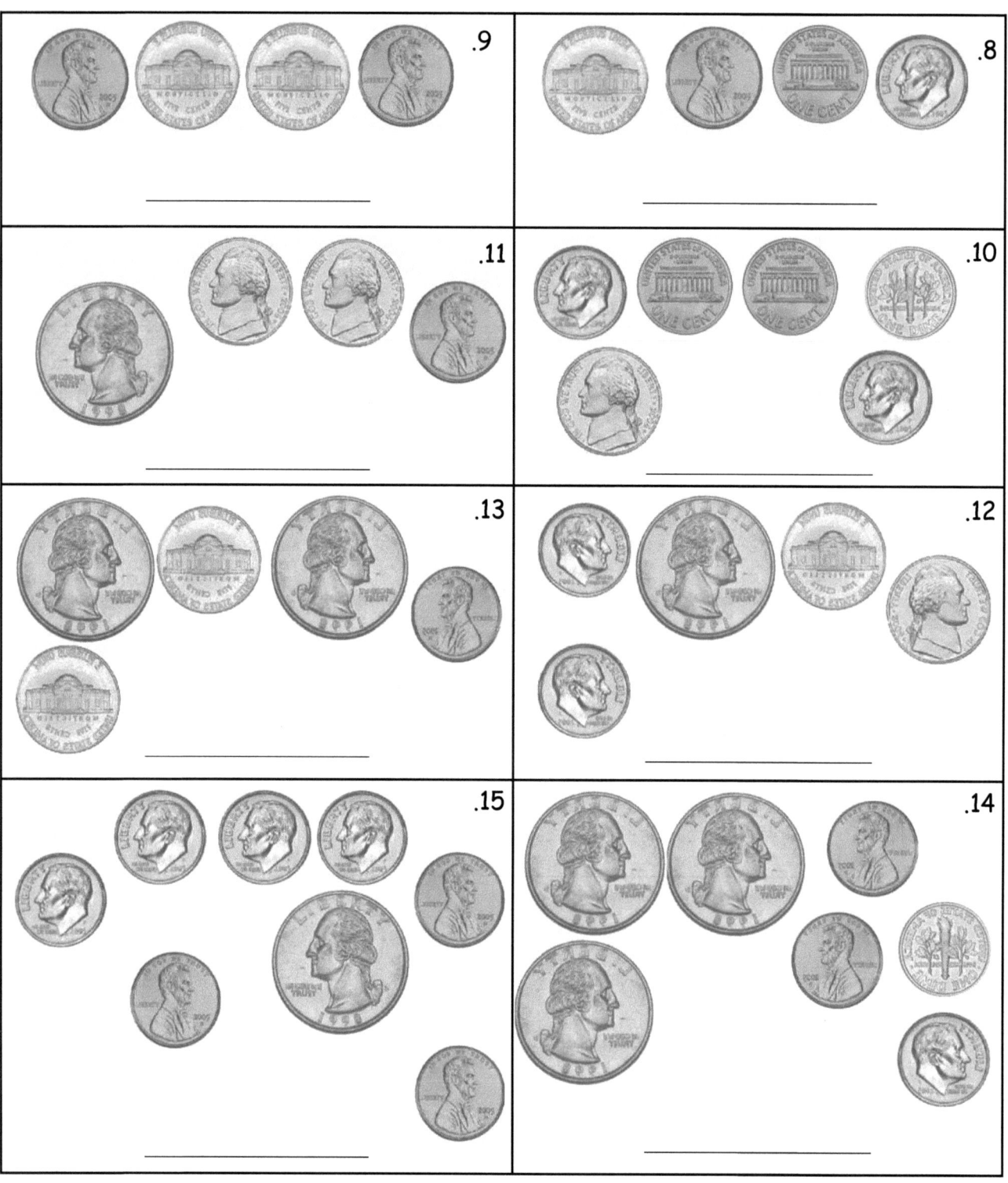

حل.

كان لدى إنريكيه عملتان من فئة الربع دولار، ودايمان، و5 بنسات و3 نيكلات في محفظته. ثم اشترى عصير ليمون بقيمة 25 سنتًا. فكم المبلغ الذي تبقى معه؟

$70¢ + 20¢ = 90¢$

أولاً أرسم العملات الموجودة في محفظة إنريكي. وبعد ذلك أجمعها لأجد أن معه 90 سنتًا.

أرسم رسم بياني شريطي لإظهار الأجزاء والمجموع. المجموع يساوي 90 سنتًا. أحد الجزأين يساوي 25 سنتًا لعصير الليمون. الجزء المتبقي مع إنريكي هو المجهول بالنسبة لي. أستطيع الحل باستخدام طريقة الأسهم.

$90 \xrightarrow{-20} 70 \xrightarrow{-5} 65$

$90¢ - 25¢ = ?$

$90¢ - 25¢ = 65¢$

مع إنريكي 65 سنتًا متبقية.

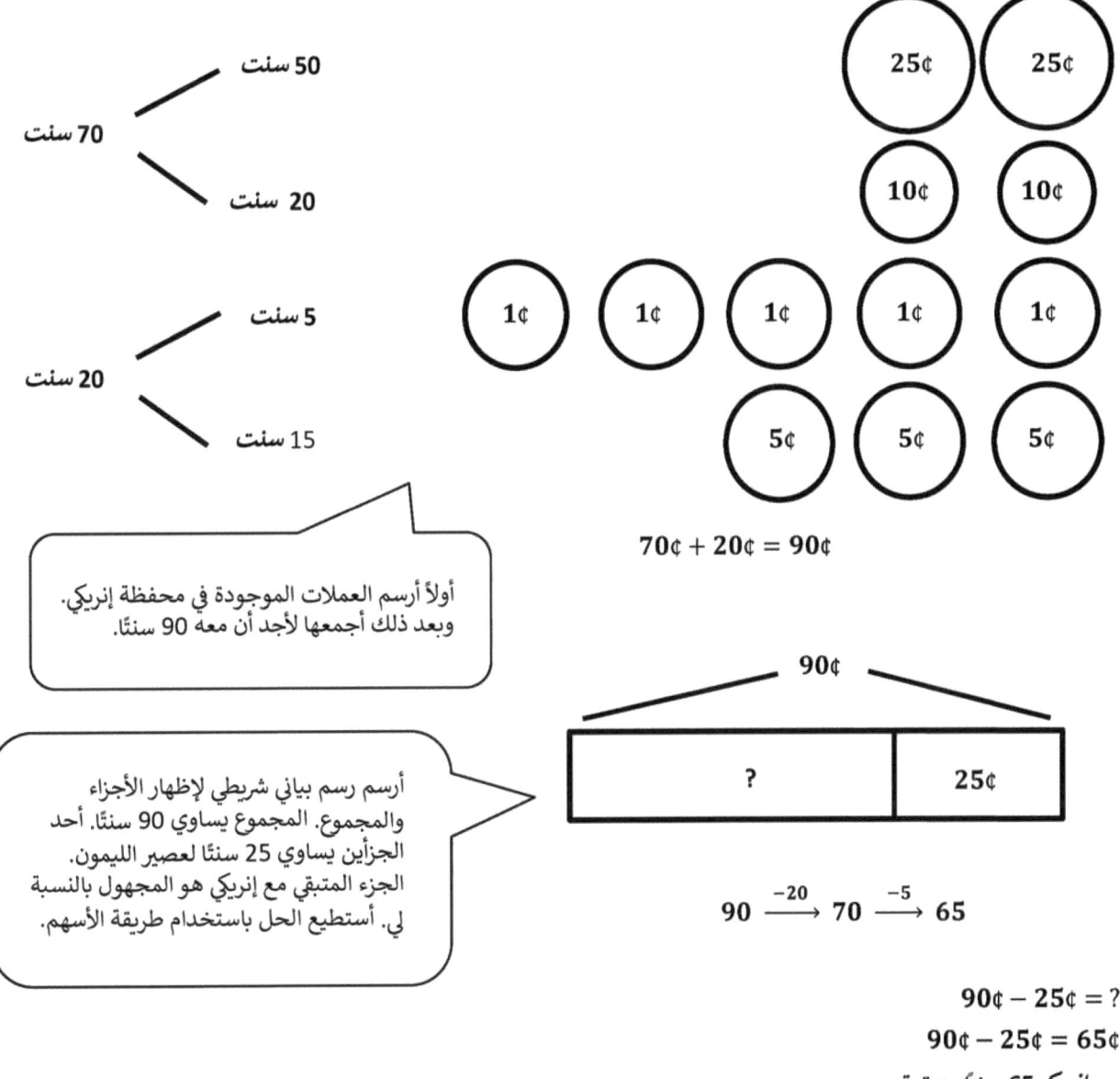

الاسم _____ التاريخ _____

حل.

1. لدى أوين 4 عملات دايمات، و3 نيكلات، و16 بنسًا. فكم المبلغ الذي لديه؟

2. وجد إيلي ربع دولار واحد، ودايم واحد، وبنسين في درج مكتبه و16 بنسًا ودايمين في حقيبة ظهره. فكم إجمالي المبلغ الذي لديه؟

3. كان لدى كاري دايمان وربع دولار واحد و11 بنسًا في جيبها. ثم اشترت عقدية بقيمة 35 سنتًا. فما المبلغ المتبقي مع كاري؟

4. كان لدى إيثان 67 سنتًا. وأعطى ربع دولار واحد و6 بنسات لشقيقته. فكم المبلغ المتبقي مع إيثان؟

5. يوجد 4 دايمات و3 نيكلات في حصالة سوزان. ولدى نيفيا 17 بنسًا و3 نيكلات في حصالتها. فما القيمة الإجمالية للمبلغ الموجود في كلتا الحصالتين؟

6. كان لدى تيسون ربع دولار واحد و4 دايمات و4 نيكلات و5 بنسات. فأعطى 57 سنتًا لابن عمه. فكم المبلغ المتبقي مع تسيون؟

حل.

لدى كلير 89 دولارًا. والمبلغ الذي معها يزيد عن المبلغ الموجود مع تراي بقيمة 3 عملات ورقية من فئة الخمس دولارات، و4 عملات ورقية من فئة الدولار الواحد، وورقة نقدية من فئة العشر دولارات. فكم المبلغ الموجود مع تراي؟

أولاً أستطيع رسم جميع العملات الورقية التي تملكها كلير أكثر من تري. أقوم بجمعها وأجد أن معها 29 دولار أكثر من تري.

$$\$10 + \$19 = \$29$$

بعد ذلك أرسم مخطط شريطي لمقارنة أموال كلير وأموال تري..

مع كلير 89 دولار، وأنا أعرف أن تري معها 29 دولار أقل من ذلك. لا أعرف حتى الآن كم يزيد ما مع تري، لذلك أضع علامة استفهام في الرسم الشريطي تمثل أموال تري.

$$\$89 - \$29 = ?$$

مه تري 60 دولار.

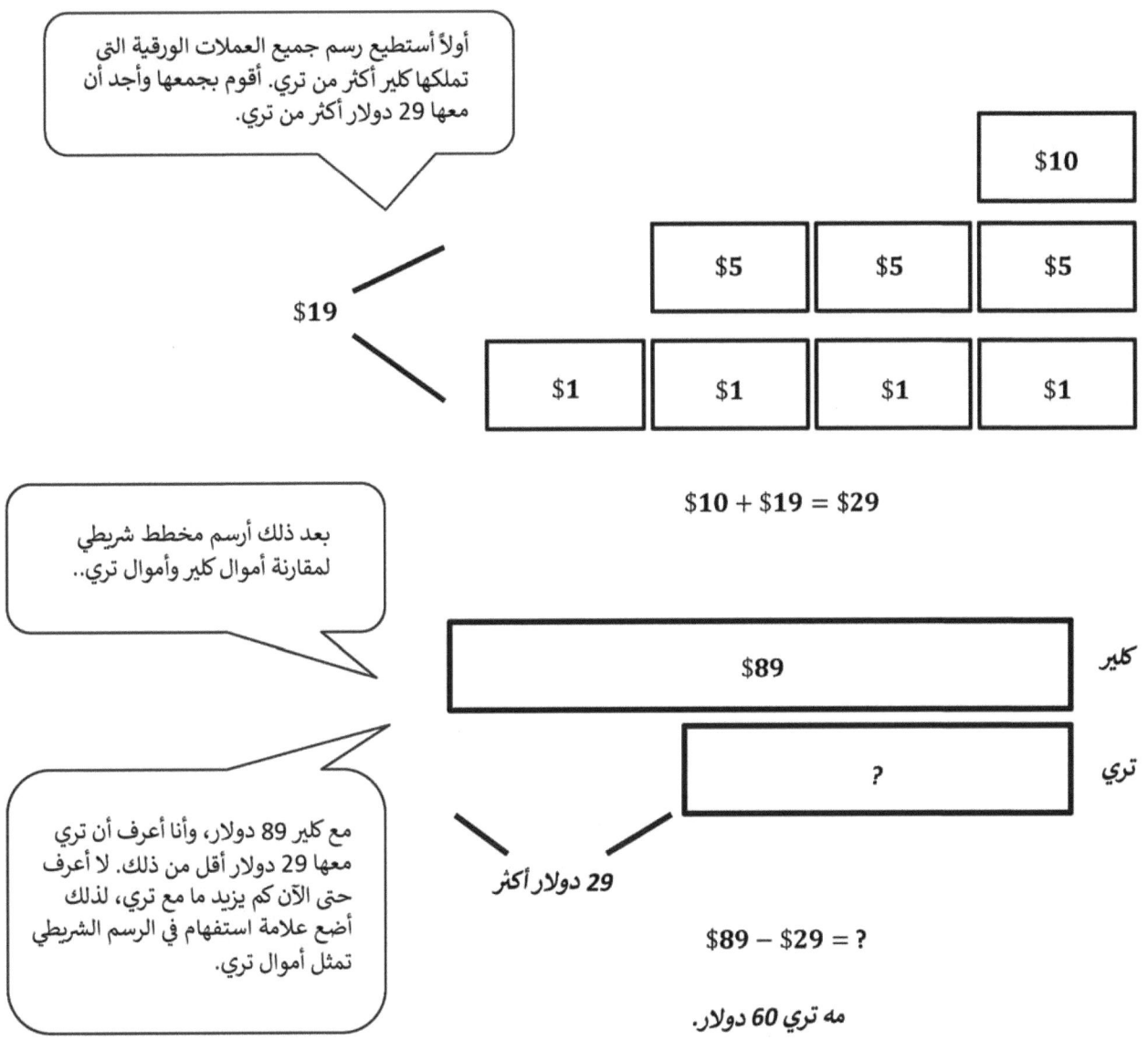

الاسم _____ التاريخ _____

حل.

1. لدى السيد/ تشانج 4 ورقات نقدية من فئة العشر دولارات، و3 ورقات نقدية من فئة الخمس دولارات، و6 ورقات نقدية من فئة الدولار الواحد. فكم إجمالي المبلغ الذي لديه؟

2. جنت دانيال، عند بيع أغراضها المنزلية المتبقية، ورقةً نقدية من فئة العشرين دولارًا و5 ورقات نقدية من فئة الدولار الواحد في الأسبوع الماضي. وجنت في هذا الأسبوع 3 ورقات نقدية من فئة العشر دولارات و3 ورقات نقدية من فئة الخمس دولارات. فكم إجمالي المبلغ الذي جنته في كلا الأسبوعين؟

3. لدى باتريك مبلغ من المال يقل عن المبلغ الموجود مع برينا بورقتين نقديتين من فئة عشرة دولارات. ولدى باتريك 64 دولارًا. فكم المبلغ الموجود مع برينا؟

4. في يوم السبت، حصلت ماري جو على 5 ورقات نقدية من فئة العشر دولارات، و4 ورقات نقدية من فئة الخمس دولارات، و17 ورقة نقدية من فئة الدولار الواحد. وفي يوم الأحد، حصلت على 4 ورقات نقدية من فئة العشر دولارات، و5 ورقات نقدية من فئة الخمس دولارات، و15 ورقة نقدية من فئة الدولار الواحد. فكم يزيد مبلغ المال الذي حصلت عليه ماري جو في يوم السبت عما حصلت عليه في يوم الأحد؟

5. لدى أليكسيس 95 دولارًا. والمبلغ الذي لديها يزيد عما لدى كاساي بورقتين نقديتين من فئة الخمس دولارات، و5 ورقات نقدية من فئة الدولار الواحد، وورقتين نقديتين من فئة العشر دولارات. فكم المبلغ الموجود مع كاساي؟

6. كان لدي كيت ورقتان نقديتان من فئة العشر دولارات، و6 ورقات نقدية من فئة الخمس دولارات، و21 ورقة نقدية من فئة الدولار الواحد قبل أن تنفق 45 دولارًا في شراء زي جديد. فكم المبلغ الذي لم تنفقه؟

1. اكتب أسلوبًا آخرًا للحصول على القيمة الإجمالية نفسها.

21 سنتًا

2 دايم و 1 بنس = 21 سنتًا

طريقة أخرى لعمل 21 سنت

أعرف أن 3 كوارتر يساوي 75 سنتًا. بعد ذلك أجمع العملات الأخرى.
10 + 5 + 5 + 5 = 25، وبالتالي يكون مع أندرو 100 سنتًا أو 1 دولار.

أعرف أن 2 نيكل تكوّن 10 سنتات، وبالتالي أغير فقط 1 دايم إلى 2 نيكل. كان يمكنني أيضًا استخدام بعض البنسات بدلاً من النيكلات فقط، ولكن هذا كان سيستغرق أكثر في رسمه لأنها تستخدم عملات أكثر.

2. لدى أندرو 3 عملات معدنية من فئة الربع دولار، ودايم واحد، ونيكلان، و5 بنسات في جيبه. اكتب مجموعتين مختلفتين أخريين من العملات المعدنية يساويان نفس قيمة الفكة.

أعرف أن 4 كوارترات تساوي 1 دولار.

حيث أنني أستطيع العد بالتخطي بالعشرات للوصول إلى 100، أستطيع رسم 10 دايمات.
10 دايمات = 100 سنتًا، أو 1 دولار.

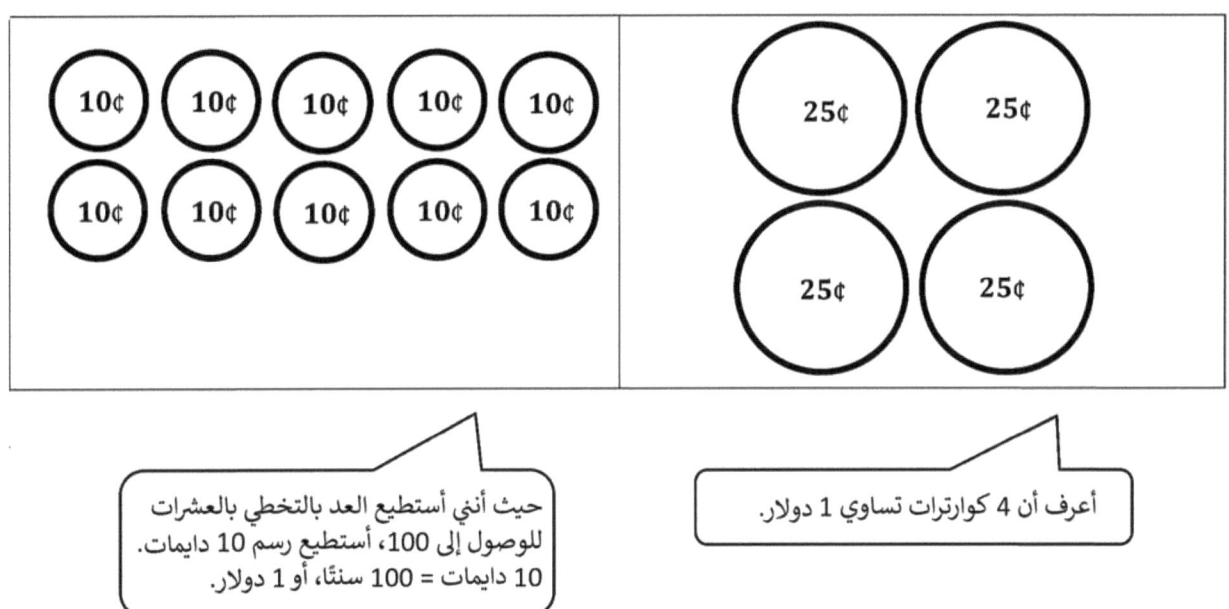

الاسم ______________________ التاريخ ______________

ارسم عملات معدنية لتوضيح أسلوب آخر للحصول على القيمة الإجمالية نفسها.

1. 25 سنتًا دايم واحد و3 نيكلات تساوي 25 سنتًا.	أسلوب آخر للحصول على 25 سنتًا:
2. 40 سنتًا 4 دايمات تساوي 40 سنتًا.	أسبوب آخر للحصول على 40 سنتًا:
3. 60 سنتًا ربعا دولار واحد ودايم واحد يساويان 60 سنتًا.	أسلوب آخر للحصول على 60 سنتًا:
4. 80 سنتًا القيمة الإجمالية لعدد 3 أرباع دولار واحد ونيكل واحد هي 80 سنتًا.	أسلوب آخر للحصول على 80 سنتًا:

الدرس 9: حل المسائل اللفظية التي تتضمن مجموعات مختلفة من العملات المعدنية جميعها متماثلة في القيمة الإجمالية.

5. لدى سامنتا 67 سنتًا في جيبها. اكتب مجموعتين من العملات المعدنية قد تحصل سامنتا عليها وتساويان المبلغ نفسه.

6. أعطى موظف الكاشير في المتجر عملتين معدنيتين من فئة الربع دولار، و3 نيكلات، و4 بنسات لجيريمي. اكتب مجموعتين مختلفتين أخريين من العملات المعدنية يساويان نفس قيمة الفكة.

7. لدى تشيلسي 10 دايمات. اكتب مجموعتين أخريين من العملات المعدنية قد تحصل عليها تشيلسي وتساويان المبلغ نفسه.

1. عرضت آنا 30 سنتًا بأسلوبين. ضع دائرة حول الأسلوب الذي يستخدم أقل عدد من العملات المعدنية.

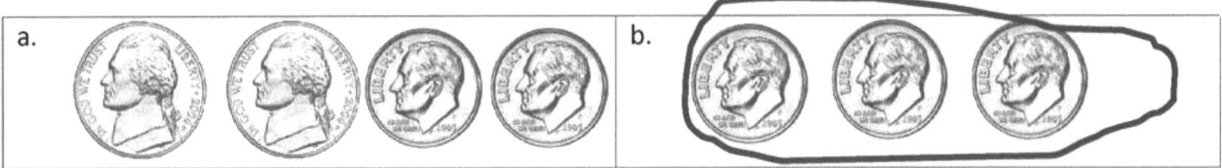

ما العملتان المعدنيتان من الجزء (أ) المُستبدلتان بعملة نقدية واحدة في الجزء (ب)؟

غيرت آنا 2 نيكل بـ 1 دايم.

مع آنا 2 نيكل، وهذا يساوي 10 سنتات، وبالتالي كانت قادرة على تغييرها بـ 1 دايم.

2. اعرض 74 سنتًا بطريقتين. استخدم أقل عدد ممكن من العملات المعدنية على اليمين أدناه.

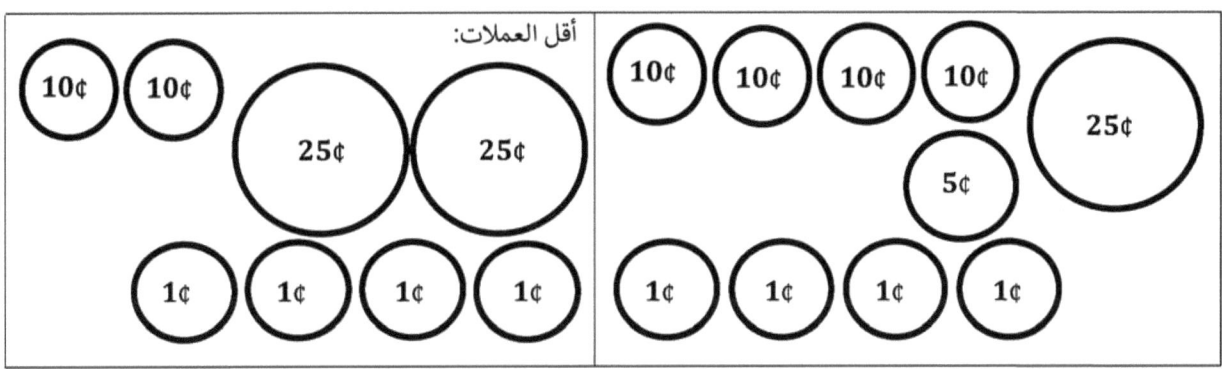

بالنسبة للعملات الأقل، أبدأ بالكوارتر لأنها لها القيمة الأكبر. 25, 50, 75. أوبس، 3 كوارترات كثير جدًا! سأتوقف عند 50 سنتًا. الآن، أجمع القيمة الأعلى التالية، وهي الدايمات. 60, 70. أحتاج 4 سنتات أكثر، لذلك أجمع 4 بنسات.

3. أخطأت شيلبي عندما طُلِب منها أن تعرض 66 سنتًا بأسلوبين. ضع دائرة حول خطأها واشرحه.

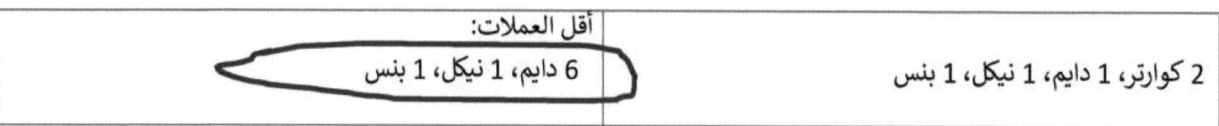

2 كوارتر، 1 دايم، 1 نيكل، 1 بنس	أقل العملات: 6 دايم، 1 نيكل، 1 بنس

المجموعة الأولى هي المحتوية على أقل عدد من العملات المعدنية. نظرًا لأن ربعي الدولار الواحد لهما نفس القيمة مثل 5 دايمات، تحتاج شيلبي إلى 5 عملات معدنية فقط للحصول على 66 سنتًا. ةتستخدم مجموعتها الثانية 8 عملات معدنية.

الاسم ____________________ التاريخ ____________

1. عرضت تارا 30 سنتًا بأسلوبين. ضع دائرة حول الأسلوب الذي يستخدم أقل عدد من العملات المعدنية.

ب.	أ.

ما العملات المعدنية من الجزء (أ) المُستبدلة بعملة نقدية واحدة في الجزء (ب)؟

____

2. اعرض 40 سنتًا بأسلوبين. استخدم أقل عدد ممكن من العملات المعدنية على اليمين أدناه.

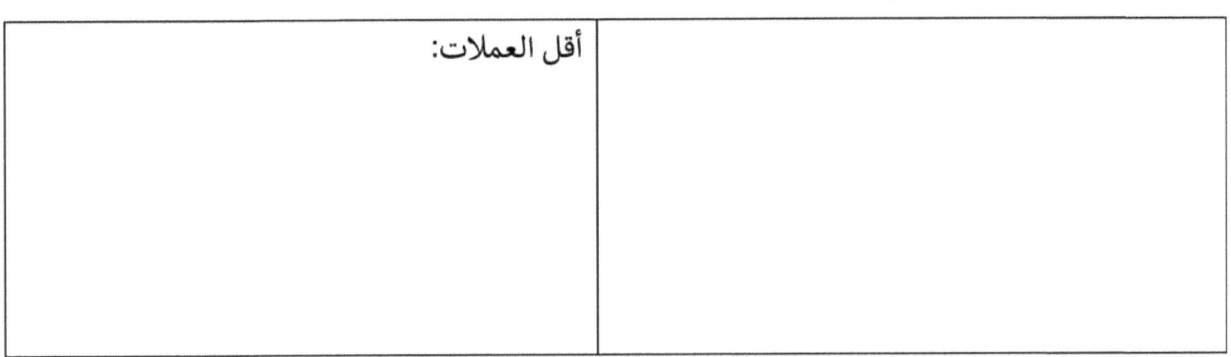

أقل العملات:	

3. اعرض 55 سنتًا بأسلوبين. استخدم أقل عدد ممكن من العملات المعدنية على اليمين أدناه.

أقل العملات:	

4. اعرض 66 سنتًا بأسلوبين. استخدم أقل عدد ممكن من العملات المعدنية على اليمين أدناه.

	أقل العملات:

5. اعرض 80 سنتًا بأسلوبين. استخدم أقل عدد ممكن من العملات المعدنية على اليمين أدناه.

	أقل العملات:

6. اعرض دولارًا واحدًا بأسلوبين. استخدم أقل عدد ممكن من العملات المعدنية على اليمين أدناه.

	أقل العملات:

7. أخطأت تارا عندما طُلِب منها أن تعرض 91 سنتًا بأسلوبين. ضع دائرة حول خطأها واشرحه.

3 أرباع دولار واحد، ودايم واحد، ونيكل واحد، وبنس واحد	أقل عدد من العملات المعدنية: 9 دايمات وبنس واحد

___

___

___

1. عِد تصاعديًا باستخدام أسلوب الأسهم لإكمال كل جملة رقمية. ثم استخدم العملات المعدنية للتحقق من إجاباتك، إذا أمكن.

$65¢ + \underline{\ 35¢\ } = 100¢$

$65 \xrightarrow{+5} 70 \xrightarrow{+30} 100$

أبدأ عند 65 سنت وأضيف 5 أخرى لأصل إلى العشرة التالية، وهي 70 سنتًا. أعرف أنني أحتاج 30 سنتًا أخرى لأصل إلى 100 سنتًا، أو 1 دولار. 5 + 30 = 35، وبالتالي فإن الجزء الناقص هو 35 سنتًا.

2. حل باستخدام أسلوب الأسهم والرابطة الرقمية.

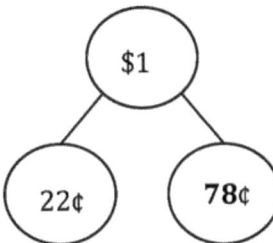

$22¢ + \underline{\ 78¢\ } = 100¢$

$22 \xrightarrow{+8} 30 \xrightarrow{+70} 100$

أستخدم الرابط الرقمي لأظهر أن المجموع يساوي 1 دولار، ويوجد جزأين. الجزء الذي أعرفه بالفعل هو 22 سنتًا. بعد الحل باستخدام طريقة الأسهم، أستطيع إكمال الجزء الناقص، وهو 78 سنتًا.

$100¢ - 65¢ = \underline{\ 35¢\ }$

$100 \xrightarrow{-60} 40 \xrightarrow{-5} 35$

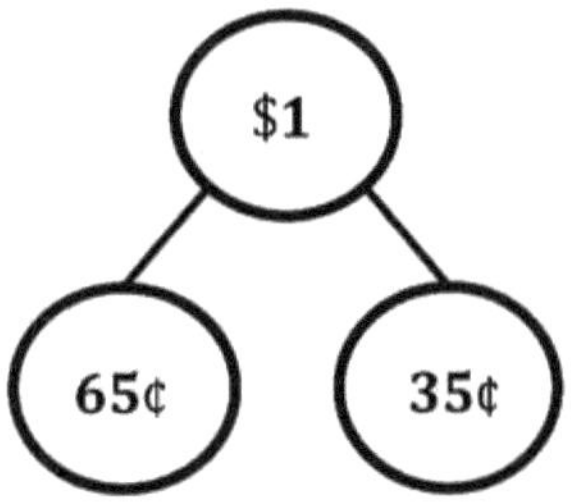

أستخدم طريقة الأسهم للطرح أيضًا! إذا اشتريت شيئًا ما مقابل 65 سنتًا، وأعطيت موظف الصندوق 1 دولار، سأحصل على 35 سنتًا باقي!

الاسم _____ التاريخ _____

1. عِد تصاعديًا باستخدام أسلوب الأسهم لإكمال كل جملة رقمية. ثم استخدم العملات المعدنية للتحقق من إجاباتك، إذا أمكن.

   أ. 25 سنتًا + _____ = 100 سنت   ب. 45 سنتًا + _____ = 100 سنت

   $25 \xrightarrow{+5} \_\_\_ \xrightarrow{+} 100$

   ج. 62 سنتًا + _____ = 100 سنت   د. _____ + 79 سنتًا = 100 سنت

2. حل باستخدام أسلوب الأسهم والرابطة الرقمية.

   أ. 19 سنتًا + _____ = 100 سنت

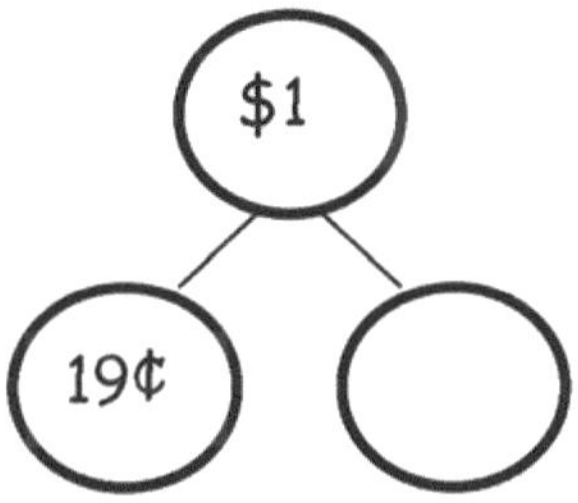

   ب. 77 سنتًا + _____ = 100 سنت

   ج. 100 سنت − 53 سنتًا = _____

3. حل.

أ. _____ + 38 سنتًا = 100 سنت

ب. 100 سنت − 65 سنتًا = _____

ج. 100 سنت − 41 سنتًا = _____

د. 100 سنت − 27 سنتًا = _____

هـ. 100 سنت − 14 سنتًا = _____

لدى ماريا ربع دولار واحد، و8 بنسات، و4 نيكلات، ودايم واحد. وتحتاج إلى دولار واحد لركوب الحافلة. فكم يجب أن تستلف ماريا من والدتها؟

بعد أن قرأت المسألة، بدأت برسم عملات ماريا. بعد ذلك أجمعها لأجد إجمالي قيمة عملات ماريا.

25 سنت

8 سنت

20 سنت

30 سنت

10 سنت

$25 \xrightarrow{+30} 55 \xrightarrow{+5} 60 \xrightarrow{+3} 63$

الآن أعرف أن ماريا معها 63 سنتًا، وبالتالي أنا مستعد لرسم رسم بياني شريطي والحل. أريد أن أعرف كم تحتاج أكثر لركوب الحافلة، وبالتالي هذا هو الجزء المجهول بالنسبة لي

$63 \xrightarrow{+7} 70 \xrightarrow{+30} 100$

الآن أستخدم طريقة الأسهم للعد تصاعديًا للوصول إلى الرقم الصديق 70 وبعد ذلك الوصول إلى 100.

$63 + 37 = 100$

يجب أن تقترض ماريا 37 سنتًا.

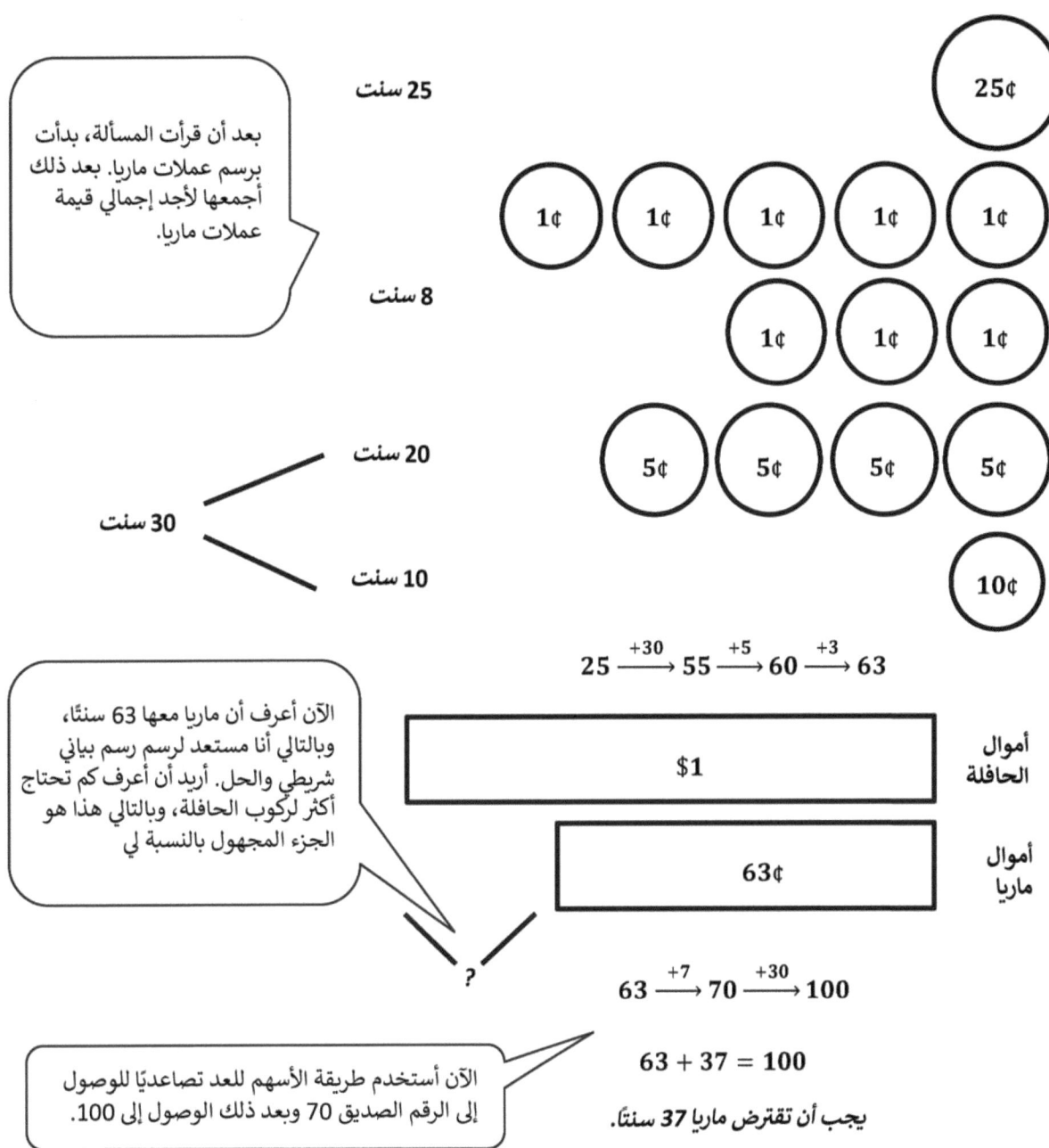

الاسم _____ التاريخ _____

حل باستخدام أسلوب الأسهم أو الرابطة الرقمية أو المخطط الشريطي.

1. كان لدى كيفن 100 سنت. فأنفق 3 دايمات و3 نيكلات و4 بنسات في شراء بالون. فكم المبلغ الذي تبقى معه؟

2. اشترى كولين بطاقة بريدية بمبلغ 45 سنتًا. وأعطى موظف الكاشير دولارًا واحدًا. فكم الفكة التي أخذها؟

3. أنفقت إيلين 75 سنتًا من الدولار الواحد الذي معها في المتجر. فكم المبلغ الذي تبقى معها؟

4. ثمن لعبة الأحجية التي تريد كاسي شراءها دولارًا واحدًا. ولديها 6 نيكلات، ودايم واحد، و11 بنسًا. فما المبلغ الإضافي الذي تحتاجه لشراء لعبة الأحجية؟

5. وجد جاريت 19 سنتًا على الأريكة و34 سنتًا تحت سريره. فما المبلغ الإضافي الذي سيحتاج إليه ليكون معه دولارًا واحدًا؟

6. لدى كيلي مبلغ يقل عما لدى مولي بقيمة 38 سنتًا. ولدى مولي دولارًا واحدًا. فكم المبلغ الموجود مع كيلي؟

7. لدى ماريو مبلغ يزيد عما لدى ريان بقيمة 41 سنتًا. ولدى ماريو دولارًا واحدًا. فكم المبلغ الموجود مع ريان؟

لدى جيمز ربع دولار واحد، ودايم واحد، و12 بنسًا. ووجد 3 عملات معدنية تحت سريره. فأصبح لديه 77 سنتًا. فما فئة العملات المعدنية الثلاث التي وجدها؟

25 سنت

10 سنت

12 سنت

بعد أن قرأت المسألة، رسمت العملات التي كانت مع جيمس في البداية. بعد ذلك أجمعها لأجد الإجمالي مستخدمًا طريقة الأسهم. مع جيمس 47 سنتًا.

$$25 \xrightarrow{+10} 35 \xrightarrow{+10} 45 \xrightarrow{+2} 47$$

$$47 + \underline{\quad 30 \quad} = 77$$

عندما أظهرها بهذه الطريقة، في رابطة رقمية مع جزء ناقص، فهذا يساعدني على فهم الموقف. وجد 30 سنتًا زيادة لأن 47 + 30 = 77. أعرف لأن العشرات فقط تتغير من 47 إلى 77. 77 يساوي 3 عشرات أكثر من 47.

وجد جيمس 3 دايمات.

أعرف أن جيمس وجد 30 سنتًا، و 30 يساوي 3 عشرات، وبالتالي لابد أنه وجد 3 دايمات!

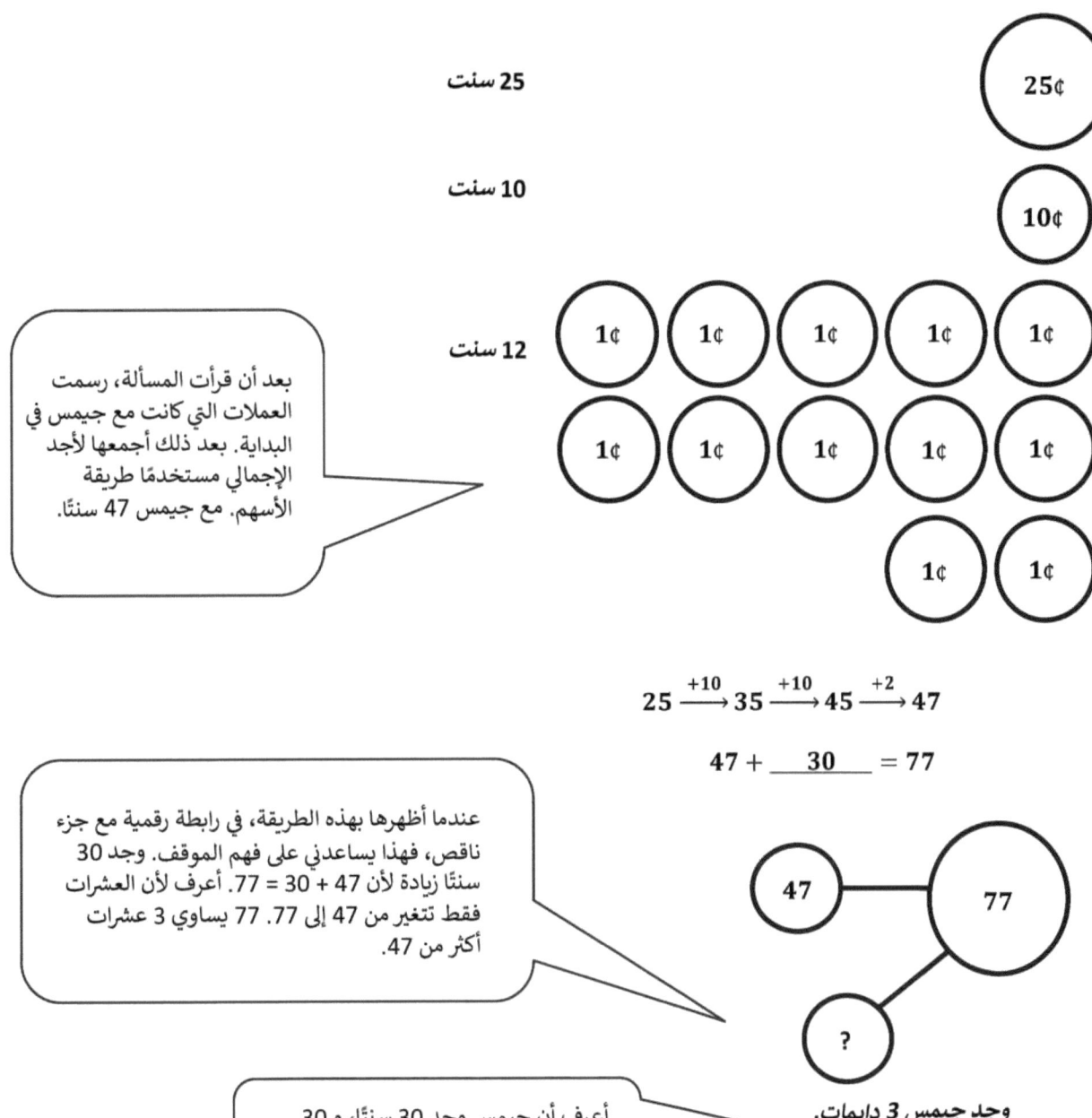

الاسم ______________________ التاريخ ______________

1. اشترت كيلي براية أقلام رصاص بقيمة 47 سنتًا وقلمًا رصاصًا بقيمة 35 سنتًا. فما الفكة التي تبقت معها من دولار واحد؟

2. اشترت هاي جونغ عقدية بقمية 3 دايمات ونيكل واحد. كما اشترت علبة عصير. فأنفقت 92 سنتًا. فكم كان ثمن علبة العصير؟

3. لدى نولان ربع دولار واحد، ونيكل واحد، و21 بنسًا. وأعطاه شقيقه عملتين معدنيتين. فأصبح لديه 86 سنتًا. فما فئة العملتين المعدنيتين اللتين أعطاهما له شقيقه؟

4. ادخرت مونيك عملتين ورقيتين من فئة العشر دولارات، و4 عملات ورقية من فئة الخمس دولارات، و15 عملة ورقية من فئة الدولار الواحد. وادّخر هاري مبلغًا يزيد عما ادخره مونيك بقمية 16 دولارًا. فكم المبلغ الذي ادخره هاري؟

5. ذهب ريان إلى السوق ومعه 3 عملات ورقية من فئة العشرين دولارًا، و3 عملات ورقية من فئة العشر دولارات، وعملة ورقية واحدة من فئة الخسم دولارات، و9 عملات ورقية من فئة الدولار الواحد. فأنفق 59 دولارًا في شراء لعبة فيديو. فكم المبلغ الذي تبقى معه؟

6. تبقى مع هيذر 3 عملات ورقية من فئة العشر دولارات، و4 عملات ورقية من فئة الخمس دولارات بعد شراء حذاء رياضي جديد بمبلغ 29 دولارًا. فكم المبلغ الذي كان معها بعد قبل شراء الحذاء الرياضي؟

1. قِس هذه الكائنات الموجودة في منزلك باستخدام بلاطة بوصية. وسجِّل القياسات في الجدول الموضح.

كائن	القياس
طول فرشاة الشعر	**4 بوصة**
ارتفاع علبة الحليب	**10 بوصة**
طول الفرن	**27 بوصة**

أضع البلاطة في أحد طرفي علبة الحليب وأضع علامة عند بداية ونهاية البلاطة. بعد ذلك، أحرك البلاطة إلى الأمام وأضع الحافة مباشرة على قمة علامة التجزئة السابقة.

حيث لا أستطيع الرسم على فرن، استخدمت طرف قلمي الرصاص ليذكرني أين أضع عنوان البوصة كل مرة. المسافات بين علامات التجزئة لها نفس الطول في كل مرة.

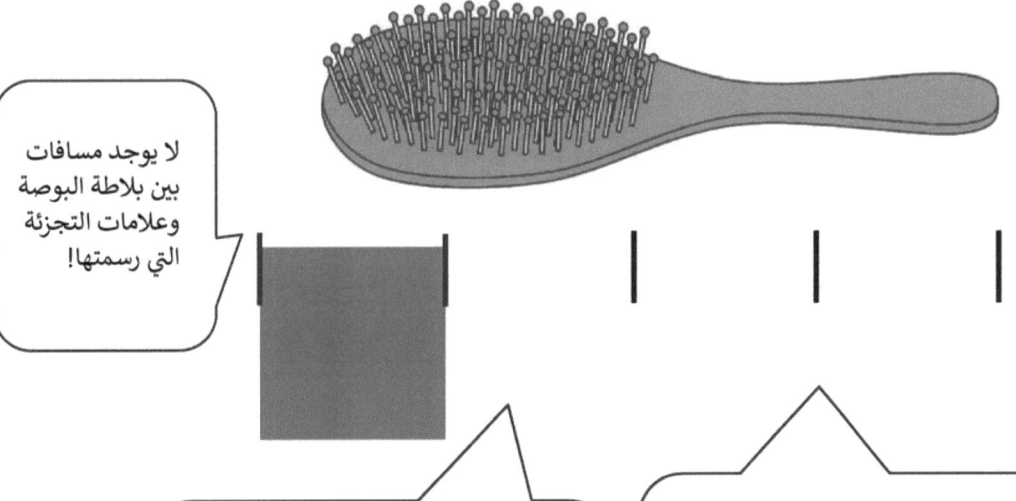

لا يوجد مسافات بين بلاطة البوصة وعلامات التجزئة التي رسمتها!

أعد المسافات بين علامات التجزئة لأرى كم بوصة يبلغ طول فرشاة الشعر. فرشاة الشعر 4 بوصات تقريبًا، لذا يمكنني القول أنها حوالي 4 بوصات.

أستخدم استراتيجية العلامة والتحريك للأمام عندما أقيس فرشاة الشعر الصغيرة مستخدمًا بلاطة البوصة الحمراء. أضع بلاطة البوصة لأسفل بخيث تكون ملامسة لنقطة نهاية فرشاة الشعر. بعد ذلك أضع علامة عند نهاية بلاطة البوصة وبالتالي أعرف أين أضعها عندما أحركها.

EUREKA MATH

2. قاست شارلين قلمها الرصاص باستخدام بلاطة بوصية. ووضعت علامة عند نقطة نهاية كل بوصة حتى تعرف أين تضع البلاطة. تقول شارلين أن طول قلمها الرصاص يساوي 4 بوصات.

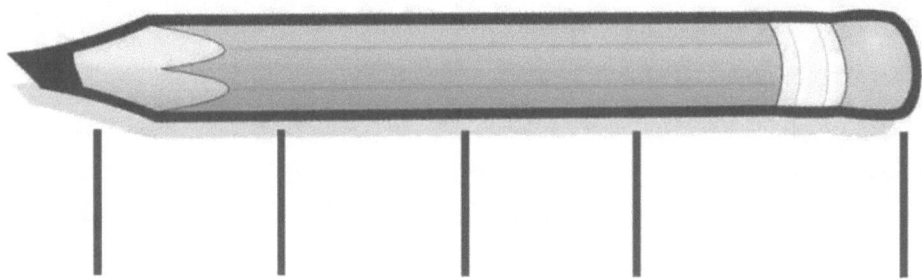

هل قياس شارلين صحيح؟ اشرح إجابتك.

يبدو أن شارلين لم تبدأ القياس من المكان الصحيح. فعلامة تخديد القياس الأولى ليست محاذية لنقطة نهاية القلم الرصاص. كما يبدو أنها لم تكن منتبهة عند القياس لأن آخر علامة تحديد قياس تبدو أبعد من سابقتها بمقدار بوصة واحدة. لذا فإن قياسها غير صحيح.

3. استخدم بلاطة بوصية لقياس طول القلم الرصاص. ما طول القلم الرصاص بالبلاطة البوصية؟ اشرح كيف عرفت.

كنت منتبهًا وبدأت القياس من سن القلم الرصاص. ووضعت علامة تحديد القياس عند نهاية القلم الرصاص. واستخدمتُ استراتيجية وضع العلامة والتحريك إلى الأمام وكنت حريصًا على ألّا أترك أي فراغ بين البلاطة وعلامات تحديد القياس. فوجدتُ أن طول القلم الرصاص يبلغ نحو 5 بوصات.

الاسم _____ التاريخ _____

1. قِس هذه الأشياء الموجودة في منزلك باستخدام بلاطة بوصية. وسجِّل القياسات في الجدول الموضح.

الشيء	القياس
طول شوكة المطبخ	
ارتفاع كوب العصير	
طول قطر الطبق	
طول الثلاجة	
طول درج المطبخ	
ارتفاع العلبة	
طول إطار الصورة	
طول جهاز التحكم عن بعد	

2. بدأ نوربيرتو في قياس طول قلمه باستخدام بلاطة بوصية. ووضع علامة عند نقطة نهاية كل بلاطة. بعد القياس بوحدتين، رأى أن هذه الطريقة تستغرق وقتًا طويلاً وبدأ يخمِّن أين ستكون آخر نقطة نهاية للبلاطة ووضع عندها علامة.

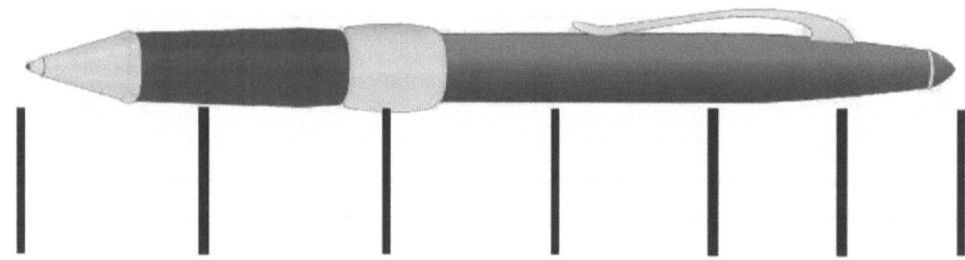

وضح لماذا ستكون إجابة نوربيرتو غير صحيحة.

_____

_____

_____

3. استخدم بلاطة بوصية لقياس طول القلم. ما طول القلم بالبلاطة البوصية؟

الدرس 15 مساعد الواجبات المنزلية

1. قِس طول الشيء بمسطرتك، ثم استخدم المسطرة لرسم مستقيم مساوٍ لطول الشيء في الفراغ المحدد..

   أ. فرشاة الأسنان ____6____ بوصة.

   > عندما أقيس فرشاة أسناني، أقوم بمحاذاة نهاية فرشاة الأسنان مع 0 على المسطرة. نهاية اليد تكون مساوية لـ 0 على مسطرتي.

   ب. ارسم خطًا طوله يساوي طول فرشاة الأسنان.

   ―――――――――――――――

   > عندما أرسم الخط، أبدأ عند 0 وأتوقف بعد 6 وحدات طول. طول الخط يساوي 6 بوصات!

2. قِس شيئًا آخرًا من الأغراض المنزلية.

   أ. طول ____قطعة صابون____ يساوي ____4____ بوصات.

   ب. ارسُم مستقيمًا بطول مساوٍ لطول ____قطعة الصابون____.

   ――――――――

3.
   أ. أي الشيئين كان أطول؟ ____فرشاة الأسنان____

   > يمكنني أن أقول أن الفرشاة أطول بمجرد النظر إلى الكائنات الأخرى أو الخطوط التي رسمتها. ولكن لأعرف كم يزيد طولها، أستطيع الطرح! 6 - 4 = 2، وبالتالي فإن الصابونة أقصر 2 بوصة.

   ب. أي الشيئين كان أقصر؟ ____قطعة الصابون____

   ج. الفارق بين الكائن الأطول والكائن الأقصر يساوي ____2____ بوصة.

4. قِس طول كل ضلع بالبوصات وسمِّه في كل شكل باستخدام المسطرة.

أ. أطول ضلع في المستطيل طوله __4__ بوصات.

لإيجاد الفارق، أطرح فقط!
3 = 1 — 4

ب. أقصر ضلع في المستطيل طوله __1__ بوصة.

c. الضلع الأطول في المستطيل يزيد طوله __3__ بوصة عن الضلع الأقصر بالمستطيل.

قياس الأشياء بالمسطرة أسرع كثيرًا من استخدام بلاطة البوصة! الأمر وكأن كل البلاطات متصلة!

الاسم _____ التاريخ _____

قِس طول كل شيء منزلي باستخدام المسطرة، ثم استخدم مسطرتك لرسم مستقيم طوله مساوٍ لطول كل شيء في الفراغ المحدد.

1. أ. طول شوكة الطعام يساوي _____ بوصة.
   ب. ارسُم مستقيمًا بطول مساوٍ لطول الشوكة.

2. أ. طول ملعقة الطعام يساوي _____ بوصة.
   ب. ارسُم مستقيمًا بطول مساوٍ لطول ملعقة الطعام.

قِس شيئين آخرين من الكائنات المنزلية.

3. أ. طول _____ هو _____ بوصة.
   ب. ارسُم مستقيمًا بطول مساوٍ لطول _____.

4. أ. طول _____ هو _____ بوصة.
   ب. ارسُم مستقيمًا بطول مساوٍ لطول _____.

5. أ. ما أطول شيء تم قياسه؟ _____
   ب. ما أقصر شيء تم قياسه؟ _____
   ج. الفرق بين أطول شيء وأقصر كائن يساوي _____ بوصة.

6. قِس طول كل ضلع بالبوصات وسمِّه في كل شكل باستخدام مسطرتك.

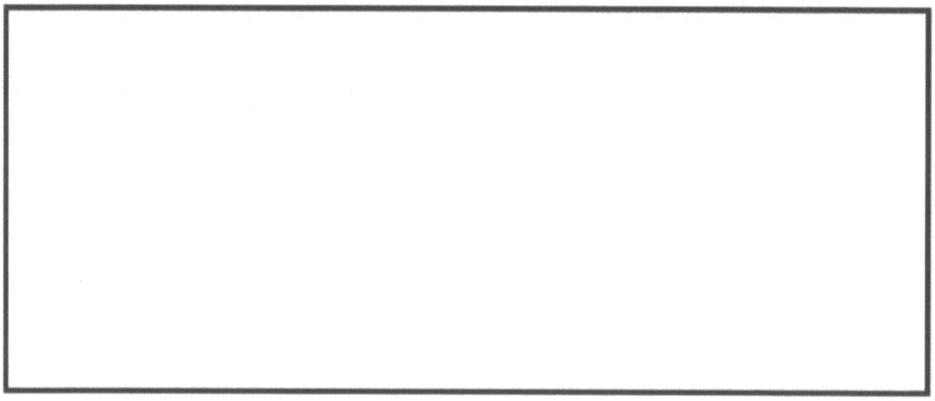

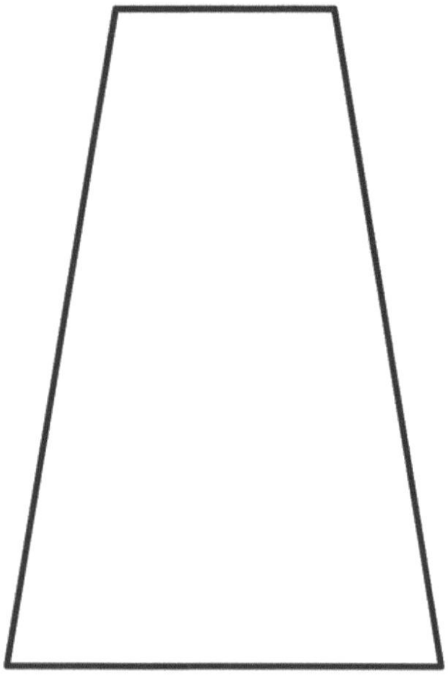

أ. الضلع الأطول في المستطيل طوله _____ بوصة.

ب. الضلع الأقصر في المستطيل طوله _____ بوصة.

ج. الضلع الأطول في المستطيل أطول بمقدار _____ بوصة من الضلع الأقصر.

د. طول أقصر ضلع في شبه المنحرف يساوي _____ بوصة.

هـ. طول أطول ضلع في شبه المنحرف يساوي _____ بوصة.

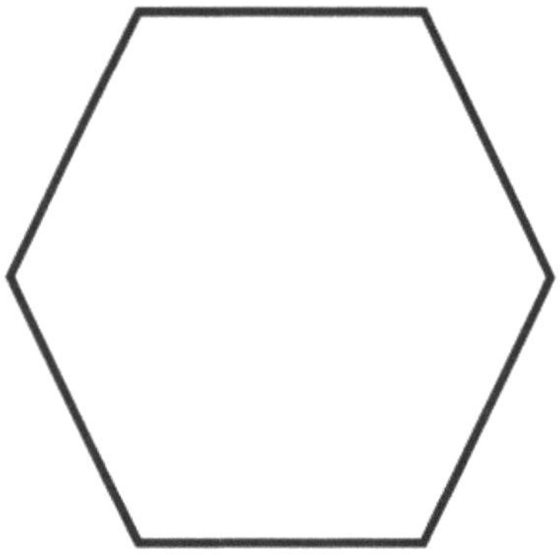

و. الضلع الأطول في شبه المنحرف أطول بمقدار _____ بوصة عن أقصر ضلع.

ز. طول كل ضلع في سداسي الأضلاع يساوي _____ بوصة.

ح. إجمالي أطوال أضلاع سداسي الأضلاع يساوي _____ بوصة.

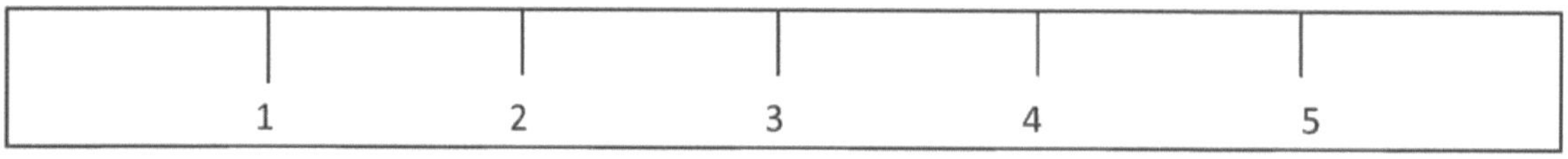

1. ضع دائرة حول أفضل وحدة لقياس كل كائن.

طول النافذة	بوصة / قدم / ياردة
ارتفاع مبنى المكتب	بوصة / قدم / ياردة
طول الحذاء	بوصة / قدم / ياردة

أحتاج إلى التفكير في طول كل كائن. إنه طويل جدًا جدًا، بعد ذلك أعرف أنه علي أن أستخدم الياردات للقياس لأنها أكثر فاعلية. سيستغرق الأمر وقتًا طويلاً جدًا لقياس مبنى مكتب بالبوصة، وهذا يعني أنك يمكن أن ترتكب الكثير جدًا من الأخطاء!

أستطيع أن أتخيل مقياس معياري في رأسي. أعرف أن الطائرة أطول بكثير! أعتقد أن طول الجيتار حوالي مقياس معياري واحد لأنني أستطيع حمله بين ذراعي بنفس الطريقة التي أستطيع بها حمل المقياس المعياري.

2. ضع دائرة حول التقدير الصحيح لكل كائن.

a. طول الطائرة أكبر من / أقل من / يساوي طول المقياس المعياري.

b. طول الجيتار أكبر من / أقل من / يساوي طول المقياس المعياري.

c. ارتفاع كوب القهوة أكبر من / أقل من / يساوي طول مسطرة 12 بوصة.

3. اذكر 3 كائنات تجدها في الخارج. حدِّد الوحدة التي ستستخدمها لقياس هذا الكائن. سجِّلها في الجدول بكتابة جملة كاملة.

كائن	وحدة
شجرة البلوط	سأستخدم الياردات _____ لقياس _____ ارتفاع **شجرة البلوط**.
زهرة	سأستخدم البوصات لقياس ارتفاع شجرة الزهرة.
مقعد الحديقة	سأستخدم القدم لقياس ارتفاع مقعد الحديقة.

> حاولت اختيار الأشياء التي أقيسها بوحدات مختلفة. الشجرة كبيرة ولذلك الياردات مناسبة. يمكن أيضًا قياس مقعد الحديقة بالياردات، ولكن إذا قستها بالقدم، يمكنني إعطاء قياس أكثر دقة.

الاسم ________________________ التاريخ ____________

1. ضع دائرة حول أفضل وحدة لقياس كل كائن.

ارتفاع الباب	بوصة / قدم / ياردة
كتاب مدرسي	بوصة / قدم / ياردة
قلم رصاص	بوصة / قدم / ياردة
طول السيارة	بوصة / قدم / ياردة
طول الشارع	بوصة / قدم / ياردة
فرشاة التلوين	بوصة / قدم / ياردة

2. ضع دائرة حول التقدير الصحيح لكل كائن.

أ. ارتفاع سارية العَلَم أكبر من / أقل من / يساوي تقريبًا طول العصا الياردية.

ب. عرض الباب أكبر من / أقل من / يساوي تقريبًا طول عصا الياردية.

ج. طول جهاز الكمبيوتر المحمول أكبر من / أقل من / يساوي تقريبًا طول مسطرة طولها 12 بوصة.

د. طول الهاتف الجوال أكبر من / أقل من / يساوي تقريبًا طول مسطرة طولها 12 بوصة.

3. اذكر أسماء 3 كائنات في الصف الدراسي. حدِّد الوحدة التي ستستخدمها لقياس هذا الكائن. سجّلها في الجدول بكتابة جملة كاملة.

كائن	الوحدة
أ.	سأستخدم ____________ لقياس طول ____________.
ب.	
ج.	

4. اذكر اسم 3 أشياء في منزلك. حدِّد الوحدة التي ستستخدمها لقياس هذا الكائن. سجّلها في الجدول بكتابة جملة كاملة.

كائن	الوحدة
أ.	سأستخدم ____________ لقياس طول ____________
ب.	
ج.	

قدِّر طول كل كائن باستخدام القياس الذهني. ثم قِس الكائن باستخدام القدم، أو البوصة، أو الياردة.

العنصر	القياس الذهني	التقديري	الطول الفعلى
طول السيارة	***أداة القياس أو عرض الباب***	***6 ياردات***	***5 ياردة***
طول حوض المطبخ	***ورقة***	***2 قدم***	***تقريبًا 3 قدم***
طول غطاء القلم	***كوارتر***	***1 بوصة***	***حوالي بوصة***

اخترت استخدام المقياس المعياري كمعيار قياس ذهني لتقدير طول السيارة لأن السيارة طويلة جدًا.

أستخدم الورقة لتقدير طول الحوض لأن قطعة الورق هي معيار القياس الذهني للقدم.

أنا قريب جدًا في تقديري لطول غطاء القلم! من السهل تصورها بجوار الكوارتر، لذا أقدرها 1 بوصه. غطاء القلم أطول بقليل من 1 بوصة، لذا فهو يبلغ حوالي 1 بوصة.

الاسم ____________________ التاريخ ____________

قدِّر طول كل كائن باستخدام القياس الذهني. ثم قِس الكائن باستخدام القدم، أو البوصة، أو الياردة.

العنصر	القياس الذهني	التقدير	الطول الفعلي
أ. طول السرير			
ب. عرض السرير			
ج. ارتفاع المنضدة			
د. طول المنضدة			
هـ. طول الكتاب			

EUREKA MATH

العنصر	القياس الذهني	التقدير	الطول الفعلي
و. طول قلمك الرصاص			
ز. طول الثلاجة			
ح. ارتفاع الثلاجة			
ط. طول الأريكة			

2•7 الدرس 18 مساعد الواجبات المنزلية

1. قِس المستقيمات بالبوصة والسنتيمتر. قرّب القياسات إلى أقرب بوصة أو سنتيمتر.

5 سنتيمترات 2 بوصات

السنتيمرات أصغر، لذا نحتاج إلى الكثير منها لتغطية طول الخط.

2.

أ. ارسُم مستقيمًا طوله 3 سنتيمترات.

ب. ارسم خط طولة 3 بوصة.

البوصة أطول من السنتيمتر، لذلك فإن الخط الذي طوله 3 بوصة يكون أطول من الخط الذي طوله 3 سنتيمترات!

3. رسَم سام خطًا طوله 11 سنتيمترًا. ورسمت سوزان خطًا طوله 8 بوصات. وتظن سوزان أن الخط الذي رسمته أقصر من خط سام لأن 8 أقل من 11. وضح سبب خطأ تبرير سوزان.

تبرير سوزان غير صحيح لأن البوصة أطول من السنتيمتر. يجب أن تنظر

إلى الوحدة لتعرف أي الخطين أطول. وحدة البوصة أطول، لذا فإن الخط الذي رسمته سوزان

أطول على الرغم من أن 8 عدد أصغر.

الاسم ______________________________ التاريخ ____________

قِس الخطوط بالبوصة والسنتيمتر. قرّب القياسات إلى أقرب بوصة أو سنتيمتر.

.1

______ سم ______ بوصة

.2

______ سم ______ بوصة

.3

______ سم ______ بوصة

.4

______ سم ______ بوصة

5. أ. ارسُم خطًا طوله 5 سنتيمترات.

    ب. ارسُم خطًا طوله 5 بوصات.

6. أ. ارسُم خطًا طوله 7 بوصات.

    ب. ارسُم خطًا طوله 7 سنتيمترات.

7. رسمت تاكيشا خطًا طوله 9 سنتيمترات. ورسمت داماني خطًا طوله 4 بوصات. وتقول تاكيشا إن الخط الذي رسمته أطول من خط داماني لأن 9 أكبر من 4. وضح سبب احتمال خطأ تبرير تاكيشا.

_____

_____

_____

8. ارسُم خطًا طوله 9 سنتيمترات وآخر طوله 4 بوصات لتثبت خطأ تاكيشا.

1. قِس كل مجموعة من الخطوط بالبوصة، واكتب طول الخط. وأكمل جملة المقارنة.

الخط أ **2 بوصة**

الخط ب **6 بوصة**

الخط أ قياسه حوالي __2__ بوصة. الخط ب قياسه حوالي __6__ بوصة

الخط ب يزيد طوله حوالي __4__ بوصات عن الخط أ

> لمقارنة الفارق في الطول، أستطيع طرح 6 - 2 = 4، أو يمكنني أن أقول 2 + 4 = 6. في كلتا الحالتين، أعرف أن الفارق يساوي 4 بوصة!

2. حل. تحقق من إجاباتك باستخدام جملة جمع أو جملة طرح مناسبة.

أ. 9 بوصة - 7 بوصة = __2__ بوصة

__2__ بوصة + 7 بوصة = 9 بوصة

> أفكر في رابط رقمي. حيث أنني أعرف المجموع وأحد الجزأين، يمكنني معرفة الجزء الآخر. أستطيع التفكير في الجمع أو الطرح للحل!

ب. 9 سنتيمرات + 7 سنتيمرات = 16

16 *سنتيمرات* - 7 *سنتيمرات* = 9 *سنتيمرات*

الاسم ________________ التاريخ ________

قِس كل مجموعة من الخطوط بالبوصة، واكتب طول الخط. وأكمل جملة المقارنة.

1. الخط أ

الخط ب

طول المستقيم أ هو _______ بوصة تقريبًا. طول الخط ب هو _______ بوصة تقريبًا.

يزيد طول الخط أ بمقدار _______ بوصة **عن** طول الخط بB.

2. الخط ج

الخط د

طول الخط ج يساوي _____ بوصة تقريبًا. طول المستقيم د هو _____ بوصة تقريبًا.

يقل طول الخط د بمقدار _____ بوصة **تقريبًا** عن طول الخط ج.

3. حل. تحقق من إجاباتك باستخدام جملة جمع أو جملة طرح مناسبة.

أ. 8 بوصات - 5 بوصات = _____ بوصات

_____ بوصات + 5 بوصات = 8 بوصات

ب. 8 سنتيمترات + _____ سنتيمترات = 19 سنتيمترًا

ج. 17 سنتيمترًا - 8 سنتيمترات = _____ سنتيمترات

د. _____ سنتيمترًا + 6 سنتيمترات = 18 سنتيمترًا

هـ. 2 بوصة + _____ بوصات = 7 بوصات

و. 12 بوصة - _____ = 8 بوصات

الدرس 20 مساعد الواجبات المنزلية

حل باستخدام المخطط الشريطي. استخدم رمزًا للقيمة المجهولة.

1. حاكت أنجيلا 18 بوصة من وشاح. وتريد أن يكون طول وشاحها 1 ياردة. ما عدد البوصات التي تحتاج أنجيلا إلى حياكتها؟

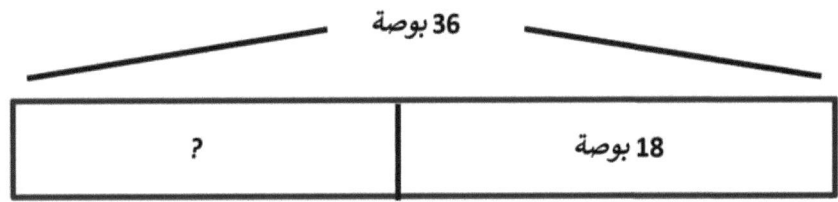

أعرف أن طول الياردة يساوي 36 بوصة. طول الوشاح يساوي ياردة واحدة، وبالتالي فهذا هو المجموع. الجزء الذي أعرفه هو الـ 18 بوصة التي حاكتها.

$36 - 18 = 18$

$18 \xrightarrow{+2} 20 \xrightarrow{+10} 30 \xrightarrow{+6} 36$

أستخدم طريقة الأسهم لإيجاد الجزء الناقص.
أجمع $2 + 10 + 6 = 18$.

تحتاج أنجيلا إلى 18 بوصة أخرى لإنهاء وشاحها.

2. إجمالي طول الأضلاع الثلاثة كلها لمثلث هو 100 قدمًا. ويوجد ضلعان للمثلث متساويان في الطول. وطول أحد الضلعين المتساويين هو 40 قدمًا. فما طول الضلع غير المتساوي؟

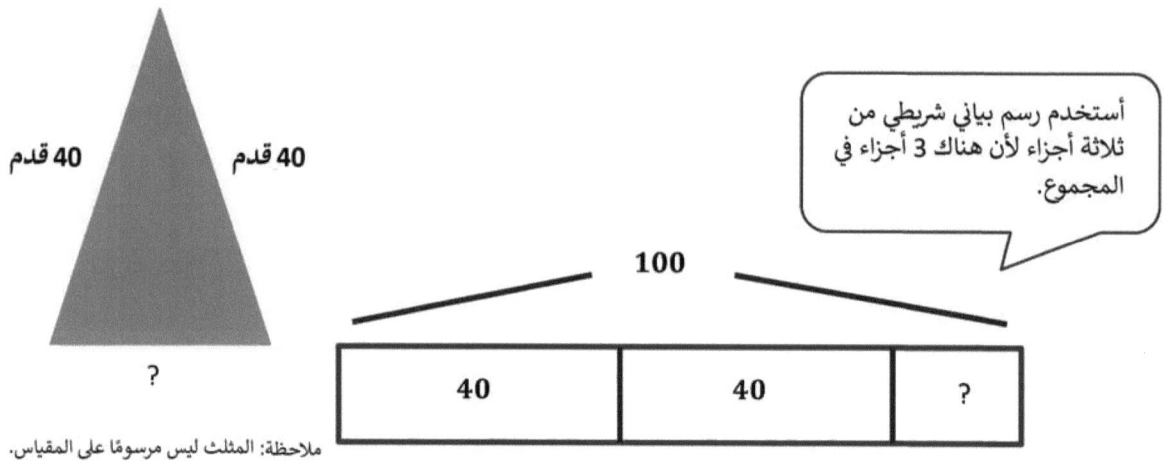

أستخدم رسم بياني شريطي من ثلاثة أجزاء لأن هناك 3 أجزاء في المجموع.

ملاحظة: المثلث ليس مرسومًا على المقياس.

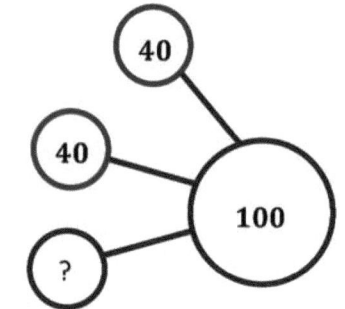

تقول المسألة أن كل الأضلاع مجتمعة تساوي 100 قدم، وبالتالي أعرف أن 40 + 40 + ؟ = 100. هذا ما أظهره في الرسم البياني الشريطي والرابطة الرقمية.

$40 + 40 + ? = 100$

40 + 40 = 80. أعتقد النتيجة، زائد 80 ما الرقم المساوي 100؟ 20. إذن الجزء الناقص هو 20.

طول الضلع الثالث 20 قدم.

قصة الوحدات
الدرس 20 الواجبات المنزلية 2•7

الاسم ______________________ التاريخ ____________

حل باستخدام المخطط الشريطي. استخدم رمزًا للقيمة المجهولة.

1. لدى لاونا قطعة شريط طولها 1 ياردة. وقطعت 33 بوصة لربط علبة هدايا. ما عدد البوصات غير المستخدمة؟

2. ركض إليجاه مسافة 68 ياردة في سباق طوله 100 ياردة. ما عدد الياردات الأخرى التي يجب أن يركضها إليجاه؟

3. لدى كريس قطعة خيط طولها 57 بوصة وقطعة أخرى أطول من الأولى بمقدار 15 بوصة. ما إجمالي طول قطعتَي الخيط معًا؟

4. حاكت جانين 12 بوصة من وشاح في يوم الجمعة و36 بوصة في يوم السبت. وتريد أن يكون طول الوشاح 72 بوصة. ما عدد البوصات الأخرى التي يجب أن تحيكها؟

5. إجمالي طول الأضلاع الثلاثة كلها لمثلث هو 120 قدمًا. ويوجد ضلعان للمثلث متساويان في الطول. وطول أحد الضلعين المتساويين هو 50 قدمًا. فما طول الضلع غير المتساوي؟

?

6. طول ضلع واحد في مربع هو 3 ياردات. ما مجموع طول أضلاع المربع الأربعة كلها؟

الدرس 21 مساعد الواجبات المنزلية

أوجد قيمة النقطة المحددة بحرف على كل جزء من الشريط المتري. على كل خط أعداد، تكون إحدى الوحدات هي المسافة من علامة تحديد قياس إلى العلامة التي تليها. (ملحوظة: خطوط الأعداد ليست مرسومة وفق تدرج القياس).

1.

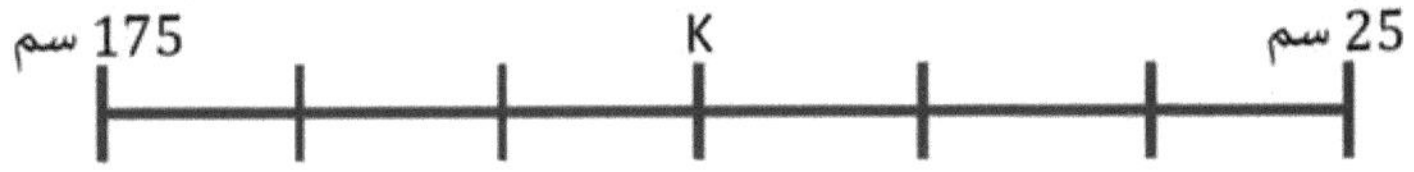

```
25 سم ├──┼──┼──┼──K──┼──┼──┤ 175
```

لإيجاد قيمة كل وحدة، أحتاج أولاً لإيجاد الفارق بين نقاط النهاية: 175 - 25 = 150. المسافة تساوي 150. حيث أن هناك 6 وحدات متساوية، أحاول العد بالتخطي بـ 10، ولكن هذا صغير جدًا. دعني أعد بالتخطي بـ 25. ألمس كل علامة تجزئة بينما أعد: 25, 50, 75, 100, 125, 150, 175. إنها تعمل! K صحيح في المنتصف عند 100 سم.

كل وحدة يبلغ طولها __25__ سنتيمتر.

K = __100 سم__

2. تمثل كل علامة تحديد قياس زيادة بمقدار 15 على خط الأعداد.

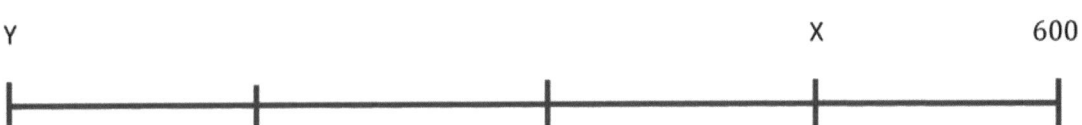

ما الفارق بين X و Y؟ __45__

X = __615__

Y = __660__

لا أستطيع إيجاد الفارق بين X و Y بالعد بالتجاوز بـ 15. 15, 30, 45. أستطيع أيضًا أن أرى أن هناك 3 وحدات بين X و Y و 15 + 15 + 15 = 45.

أبدأ عند 600 وأعد بالتجاوز بـ 15 لإيجاد القيمة عند كل علامة تجزئة.

الدرس 21 الواجبات المنزلية

الاسم _____ التاريخ _____

أوجد قيمة النقطة المحددة بحرف على كل جزء من الشريط المتري. على كل خط أعداد، تكون إحدى الوحدات هي المسافة من علامة تحديد قياس إلى العلامة التي تليها.

1.

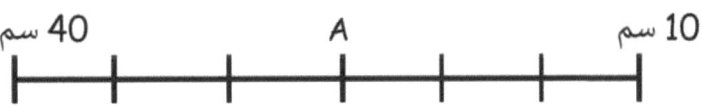

طول كل وحدة هو _____ سنتيمترات.

A = _____

طول كل وحدة هو _____ سنتيمترات.

B = _____

2.

طول كل وحدة يساوي _____ سنتيمترات.

C = _____

3. تمثل كل علامة تحديد قياس زيادة بمقدار 5 على خط الأعداد.

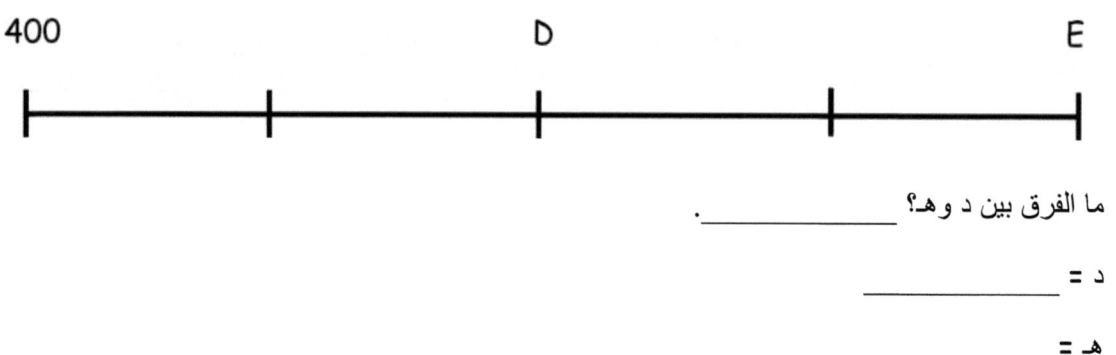

ما الفرق بين د وهـ؟ _____.

د = _____

هـ = _____

4. تمثل كل علامة تحديد قياس زيادة بمقدار 10 على خط الأعداد.

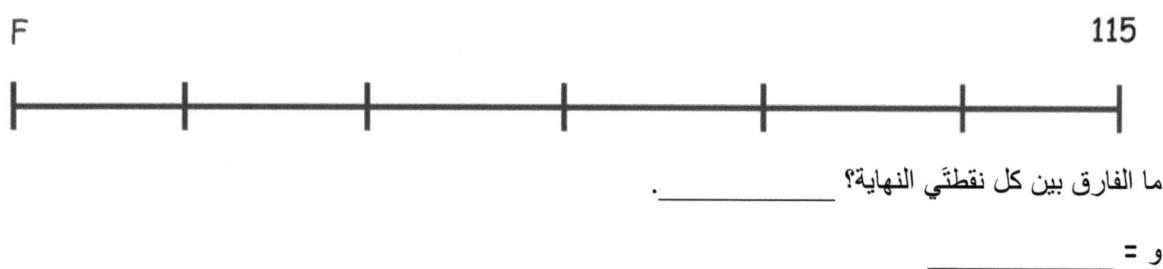

ما الفارق بين كل نقطتَي النهاية؟ _____.

و = _____

5. تمثل كل علامة تحديد قياس زيادة بمقدار 10 على خط الأعداد.

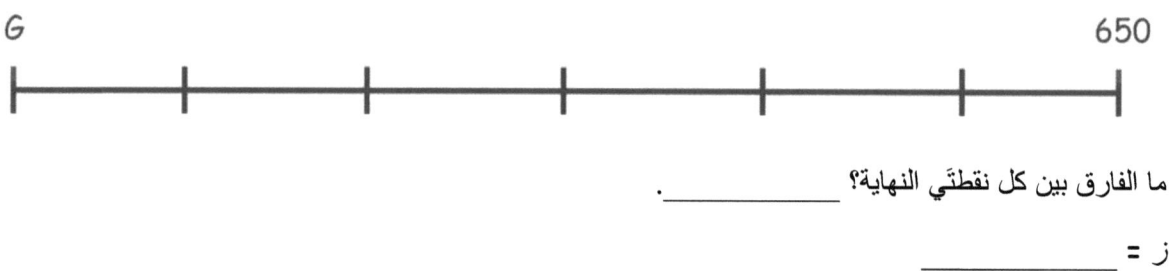

ما الفارق بين كل نقطتَي النهاية؟ _____.

ز = _____

1. طول كل وحدة على كلا خطَّي الأعداد تساوي 20 قدمًا. (ملحوظة: خطوط الأعداد ليست مرسومة وفق تدرج القياس).

أ. وضح الزيادة بمقدار 60 قدمًا عن الوحدة 80 قدمًا على خط الأعداد.

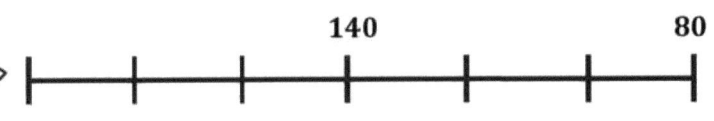

أستطيع إظهار 60 قدم أخرى على خط الأعداد عبر عنونة نقطة النهاية على اليسار 80 وبعد ذلك العد تصاعديًا من 20, 40, 60. هذا يشبه تمامًا جمع 80 + 60.

ب. اكتب جملة جمع لمطابقة خط الأعداد.

$$140 = 60 + 80$$

ج. وضح النقصان بمقدار 60 قدمًا عن الوحدة 125 على خط الأعداد.

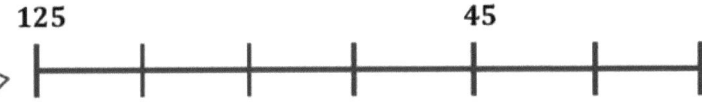

أبدأ بعنونة نقطة النهاية على اليمين. بعد ذلك أعد تنازليًا بالتخطي بالعشرينات 4 مرات حيث أنها أقل 80 قدم. في كل مرة، ألمس علامة تجزئة على خط الأعداد.

د. اكتب جملة طرح لمطابقة خط الأعداد.

$$45 = 80 - 125$$

2. انقطع الشريط المتري لسانتياجو عند 49 سنتيمترًا. ولقياس طول ممحاته، كتب "54 سم — 49 سم". فقالت شيرلي إنه من الأسهل تحريك الممحاة بمقدار 1 سنتيمتر. ما جملة الطرح التي ستكتبها شيرلي؟ وضح لما هي محقة.

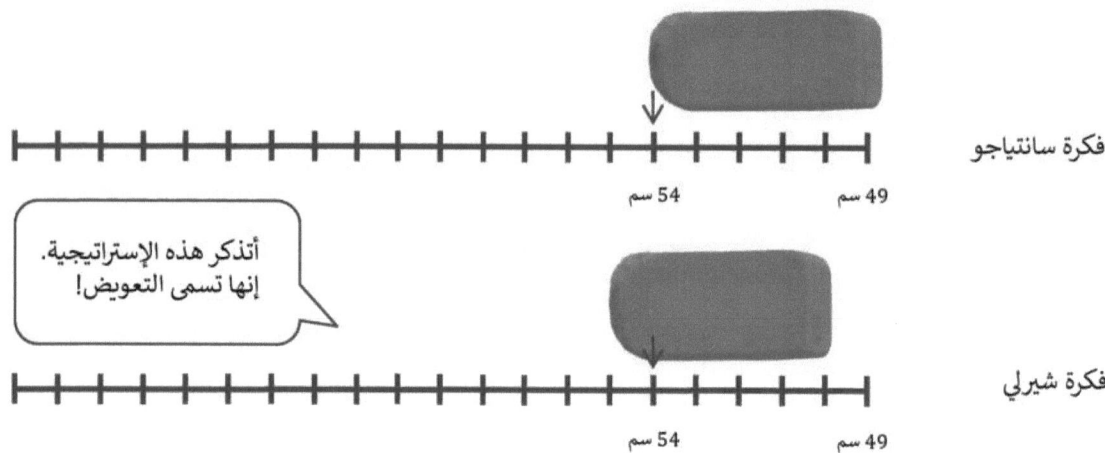

جملة الطرح التي ستكتبها شيرلي هي 55 – 50 = 5. هي تعرف أنها يمكنها تحريك الممحاة على خط الأعداد، وأن الطول سيبقى كما هو. فبتحريكها وحدة واحدة إلى اليمين، تكوِّن مسألة يسهل حلها. 54 — 49 يساوي أيضًا 5, لكن من الأسهل طرح عدد مألوف مثل 50 لأنها ستحتاج إلى طرح العشرات فقط.

الاسم _____ التاريخ _____

1. طول كل وحدة على كلا خطَي الأعداد هو 10 سنتيمترات.
(ملحوظة: خطوط الأعداد ليست مرسومة وفق تدرج القياس).

أ. وضح الزيادة بمقدار 20 سنتيمترًا عن الوحدة 35 سنتيمترًا على خط الأعداد.

ب. وضح الزيادة بمقدار 30 سنتيمترًا عن الوحدة 65 سنتيمترًا على خط الأعداد.

ج. اكتب جملة جمع لمطابقة كل خط أعداد.

2. طول كل وحدة على كلا خطَي الأعداد يساوي 5 ياردات.

أ. وضح النقصان بمقدار 35 ياردة عن الوحدة 125 ياردة على خط الأعداد الآتي.

ب. وضح النقصان بمقدار 25 ياردة عن الوحدة 100 ياردة على خط الأعداد.

ج. اكتب جملة طرح لمطابقة كل خط أعداد.

3. انقطع الشريط المتري للاورا عند 37 سنتيمترًا. ولقياس طول مفكها، كتبت "50 سم - 37 سم". فقالت تام إنه من الأسهل تحريك المفك بمقدار 3 سنتيمترات. ما جملة الطرح التي ستكتبها تام؟ وضح لما هي محقة.

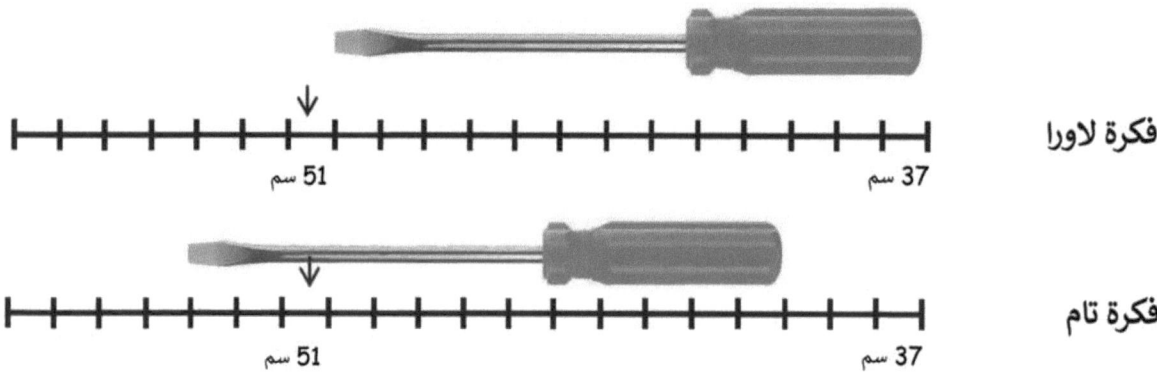

4. قاست أليس حزامها فكان طوله 22 بوصة باستخدام عصا ياردية، لكنها لم تبدأ قياسها من الصفر. ماذا ستكون نقطتا النهاية لحزامها على العصا الياردية؟ اكتب جملة طرح لمطابقة فكرتك.

5. ركض إشعياء 100 متر في مضمار سباق طوله 200 متر. وقد بدأ الركض من علامة 19 مترًا. عند أي علامة أنهى ركضه؟

1. قم بقياس طول حذائك وسجل الطول هنا: **نحو 7 بوصات**
ثم قم بقياس طول أحذية أفراد عائلتك، واكتب الأطوال أدناه.

الاسم:	طول الحذاء:
الأم	**10 بوصة**
الأب	**11 بوصة**
أشعياء (شقيق)	**حوالي 9 بوصة**
كارين (شقيقة)	**حوالي 7 بوصة**

كنت دقيق جدًا في قياس حذاء كل شخص مبتدءًا عند 0 على مسطرتي.

حذاء شقيقتي أقصؤ قليلاً من 7 بوصة، وحذائي أطول قليلاً من 7 بوصة، وبالتالي فإن حذاء كل منا حوالي 7 بوصة.

2. سجِّل بياناتك باستخدام علامات العد في الجدول الموجود.

طول الرباط	حصيلة عدد الأشخاص
أقصر من 9 بوصات	| |
نحو 9 بوصات	|
أطول من 9 بوصات	| |

أ. كم يزيد عدد الأشخاص الذين لديهم حذاء أقصر من 9 بوصات عن عدد الأشخاص الذين لديهم حذاء بطول يبلغ نحو 9 بوصات؟
شخص واحد

ب. ما طول الحذاء الأقل شيوعًا؟
نحو 9 بوصات

ج. اطرح سؤال مقارنة واحدًا وأجب عنه بحيث يمكن الإجابة عنه باستخدام البيانات أعلاه.

السؤال: ***كم يقل عدد الأشخاص الذين لديهم حذاء بطول يبلغ نحو 9 بوصات عن عدد الأشخاص الذين لديهم حذاء أطول من 9 بوصات؟***

الإجابة: ***شخص واحد***

2•7 الدرس 23 الواجبات المنزلية

الاسم ______________________ التاريخ ______________

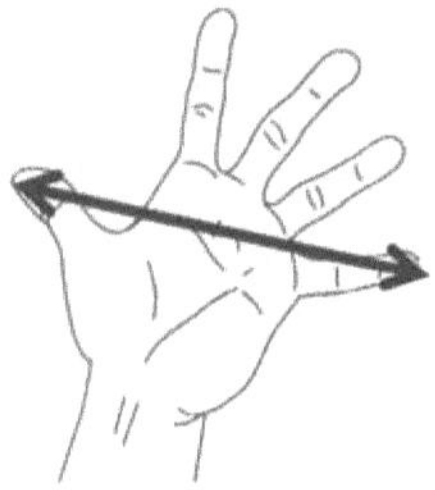

قِس شبرك، وسجِّل الطول هنا: ___________

ثم قِس أشبار أفراد عائلتك، واكتب الأطوال أدناه.

الاسم:	الشبر:
______________	______________
______________	______________
______________	______________
______________	______________
______________	______________

1. سجِّل بياناتك باستخدام علامات العد في الجدول الموجود.

الشبر	حصيلة عدد الأشخاص
3 بوصات	
4 بوصات	
5 بوصات	
6 بوصات	
7 بوصات	
8 بوصات	

أ. ما طول الشبر الأكثر وجودًا؟ _____

ب. ما طول الشبر الأقل وجودًا؟ _____

ج. اطرح سؤال مقارنة واحدًا وأجب عنه بحيث يمكن الإجابة عنه باستخدام البيانات أعلاه.

السؤال:

____

____

الإجابة:

____

____

EUREKA MATH

2. أ. استخدم مسطرتك لقياس المستقيمات أدناه بالبوصة. سجِّل البيانات باستخدام علامات العد في الجدول الموجود.

المستقيم أ _____

المستقيم ب _____

المستقيم ج _____

المستقيم د _____

المستقيم هـ _____

المستقيم و _____

المستقيم ز _____

طول المستقيم	عدد المستقيمات
أقصر من 4 بوصات	
أطول من 4 بوصات	
يساوي 4 بوصات	

ب. كم يزيد عدد المستقيمات التي يقل طولها عن 4 بوصات عن عدد المستقيمات التي يبلغ طولها 4 بوصات؟
_____

ج. ما الفرق بين عدد المستقيمات التي يقل طولها عن 4 بوصات وتلك التي يزيد طولها عن 4 بوصات؟
_____

د. اطرح سؤال مقارنة واحدًا وأجب عنه بحيث يمكن الإجابة عنه باستخدام البيانات أعلاه.

السؤال: _____

_____

الإجابة: _____

_____

استخدم البيانات في الجدول لإنشاء خط مسار والإجابة عن الأسئلة.

أولاً، أنظر إلى البيانات وأعد كم قلم رصاص موجودة في كل طول.

طول القلم الرصاص (بالبوصة)	عدد الأقلام الرصاص
2	ǀǀ
3	ǀ
4	卌
5	ǀǀ 卌
6	ǀ 卌
7	
8	ǀ

بعد ذلك أضع X واحد لكل قلم رصاص. يوجد قلم رصاص 1 بطول 3 بوصات، لذلك أضع 1 X فوق 3.

بعد ذلك، أرسم خط أعداد. أقوم بتضمين كل الأعداد بين الأطوال الأطول والأقصر، حتى وإن لم يكن هناك أقلام رصاص مقاسها 7 بوصات. جميع الفواصل يجب أن تكون متساوية.

أطوال أقلام الرصاص في فصل السيد موراي

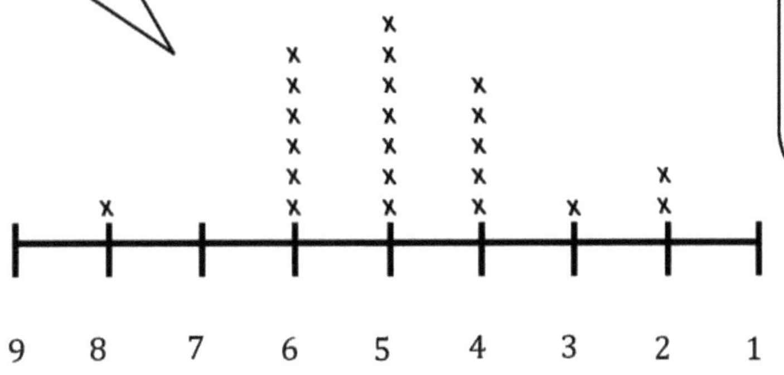

طول القلم الرصاص (بالبوصة)

صِف النمط الذي تراه في خط المسار.

الطول الأكثر شيوعًا للقلم الرصاص هو 5 بوصات، لكن الطولان 4 بوصات و 6 بوصات شائعان أيضًا.

يقع معظم حروف X في منتصف خط المسار.

كوّن سؤال مقارنة من عندك يتعلق بالبيانات.

كم يقل عدد الأقلام التي يبلغ طولها 4 بوصات عن تلك التي يبلغ طولها 5 بوصات؟

الاسم ______________________ التاريخ ____________

1. استخدم البيانات في الجدول لإنشاء خط مسار والإجابة عن السؤال.

الشبر (بالبوصة)	عدد الطلاب
2	
3	
4	𝍷
5	𝍸 𝍷𝍷
6	𝍸 𝍸
7	𝍷𝍷𝍷
8	𝍷

أشبار الطلاب في فصل المعلمة ديفرانسيسكو

صِف النمط الذي تراه في خط المسار:

____

____

____

2. استخدم البيانات في الجدول لإنشاء خط مسار والإجابة عن الأسئلة.

طول القدم اليمنى (بالسنتيمتر)	عدد الطلاب
17	|
18	||
19	||||
20	𝍸 |
21	𝍸 |
22	||
23	|

أطوال القدم اليمنى للطلاب في فصل المعلمة ديفرانسيسكو

التمثيل البياني بالنقاط المجمعة

أ. صِف النمط الذي تراه في خط المسار.

____

____

ب. ما عدد الأقدام الأطول من 20 سنتيمترًا؟ ____________________

ج. ما عدد الأقدام الأقصر من 20 سنتيمترًا؟ ____________________

د. كوِّن سؤال مقارنة من عندك يتعلق بالبيانات.

____

استخدم البيانات في الجدول الموجود لإنشاء خطوط مسار والإجابة عن الأسئلة. يوضح الجدول أطوال سلاسل ديزي التي تم صنعها في حفلة عيد ميلاد.

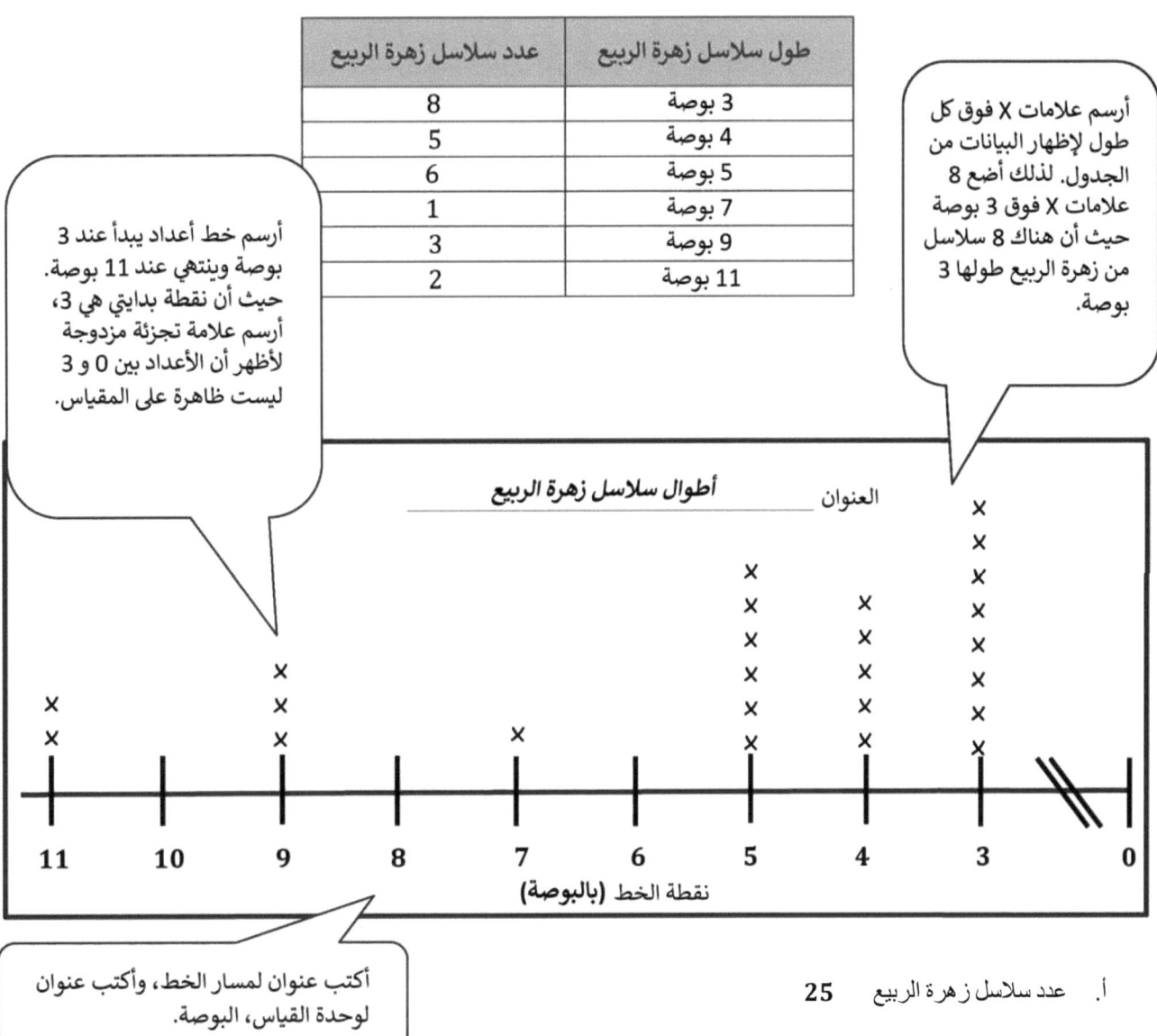

طول سلاسل زهرة الربيع	عدد سلاسل زهرة الربيع
3 بوصة	8
4 بوصة	5
5 بوصة	6
7 بوصة	1
9 بوصة	3
11 بوصة	2

أرسم علامات X فوق كل طول لإظهار البيانات من الجدول. لذلك أضع 8 علامات X فوق 3 بوصة حيث أن هناك 8 سلاسل من زهرة الربيع طولها 3 بوصة.

أرسم خط أعداد يبدأ عند 3 بوصة وينتهي عند 11 بوصة. حيث أن نقطة بدايتي هي 3، أرسم علامة تجزئة مزدوجة لأظهر أن الأعداد بين 0 و 3 ليست ظاهرة على المقياس.

أكتب عنوان لمسار الخط، وأكتب عنوان لوحدة القياس، البوصة.

أ. عدد سلاسل زهرة الربيع 25

ب. استخلص نتيجة بخصوص البيانات في التمثيل البياني بالنقاط المجمعة.

من السهل صناعة سلسلة ديزي قصيرة. معظم سلاسل ديزي يبلغ طولها 5 بوصات أو أقل.

ج. إذا صنع 5 أشخاص آخرين سلاسل ديزي طولها 7 بوصات وصنعَ 6 أشخاص آخرين سلاسل ديزي طولها 9 بوصات، فكيف سيغير ذلك من شكل التمثيل البياني بالنقاط المجمعة؟

<u>إذا صنع 5 أشخاص آخرين سلاسل ديزي طولها 7 بوصات وصنعَ 6 أشخاص آخرين سلاسل ديزي طولها 9 بوصات، فإن سلسة ديزي التي طولها 9 بوصات ستكون أكثر وجودًا، وستكون سلسلة ديزي التي طولها 11 بوصة الأقل وجودًا.</u>

2•7 الدرس 25 الواجبات المنزلية قصة الوحدات

الاسم ______________________ التاريخ ____________

استخدم البيانات في الجدول الموضح لإنشاء تمثيلات بيانية بالنقاط المجمعة والإجابة عن الأسئلة.

1. يوضح الجدول أطوال القلادات التي تم صنعها في حصة الفنون والحرف اليدوية.

طوال القلادات	عدد القلادات
16 بوصة	3
17 بوصة	0
18 بوصة	4
19 بوصة	0
20 بوصة	8
21 بوصة	0
22 بوصة	9
23 بوصة	0
24 بوصة	16

العنوان ______________________

التمثيل البياني بالنقاط المجمعة

أ. ما عدد القلادات التي تم صنعها؟ ____________

ب. استخلص نتيجة بخصوص البيانات في التمثيل البياني بالنقاط المجمعة:

____

الدرس 25: رسم تمثيل بياني بالنقاط المجمعة لتمثيل مجموعة بيانات معطاة؛ والإجابة عن الأسئلة واستخلاص النتائج بناء على بيانات القياس.

2. يوضح الجدول ارتفاعات الأبراج التي صنعها الطلاب من المكعبات.

ارتفاع الأبراج	عدد الأبراج
15 بوصة	9
16 بوصة	6
17 بوصة	2
18 بوصة	1

العنوان _____

التمثيل البياني بالنقاط المجمعة

أ. ما عدد الأبراج التي تم قياسها؟ _____

ب. ما ارتفاع البرج الأكثر تكرارًا؟ _____

ج. إذا قيست 5 أبراج أخرى فكانت بارتفاع 17 بوصة وقيست 5 أبراج أخرى فكانت بارتفاع 18 بوصة، فكيف سيغير ذلك من شكل التمثيل البياني بالنقاط المجمعة؟

_____

_____

د. استخلص نتيجة بخصوص البيانات في التمثيل البياني بالنقاط المجمعة:

_____

_____

استخدم البيانات في الجدول الموضح لإنشاء تمثيل بياني بالنقاط المجمعة والإجابة عن الأسئلة. مثِّل أطوال المشاركين المعطاة فقط.

يوضح الجدول أدناه أطوال طلاب رياض الأطفال في لعبة كرة القدم.

طول طلاب رياض الأطفال (بالبوصة)	عدد طلاب رياض الأطفال
35	2
37	3
38	6
39	7
40	5
41	2
42	2

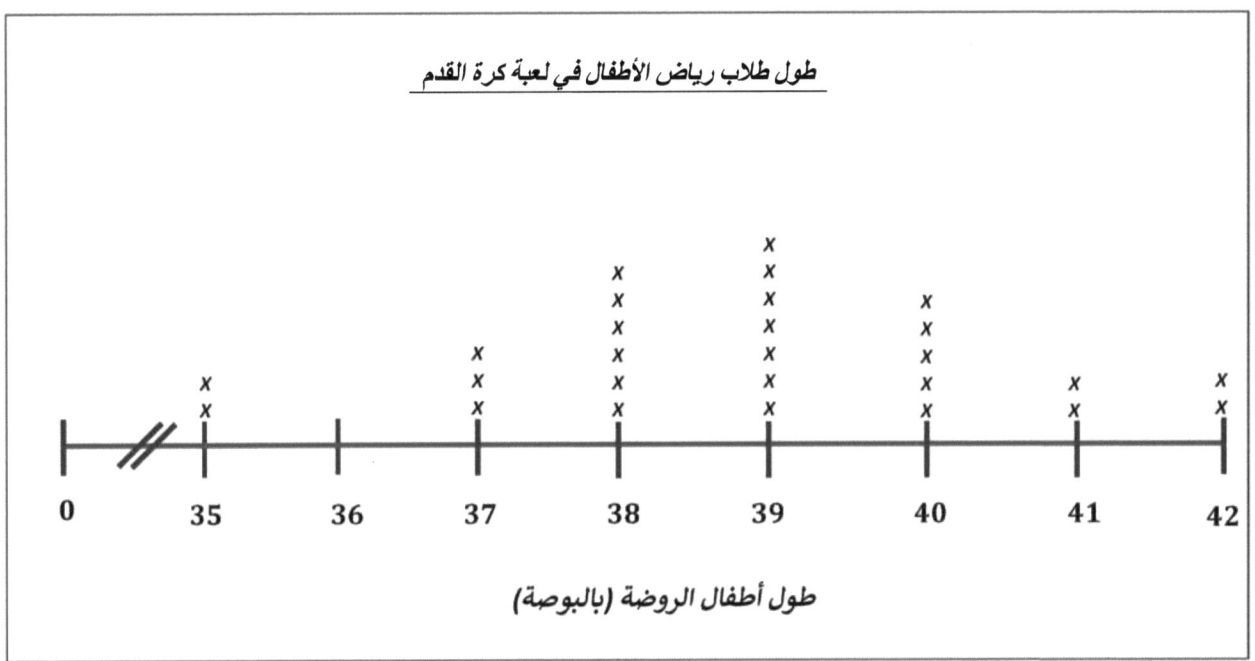

1. كم عدد أطفال الروضة الذين تم قياسهم؟ ___27___

بدأت الجمع بالأعداد الكبيرة. أعرف أن 6 + 7 = 13. إذن 13 + 5 = 18، و2 أكثر يساوي 20. كل ما تبقى يساوي 3 + 2 + 2 = 7. و20 + 7 = 27.

2. كم يزيد عدد طلاب رياض الأطفال الذين تبلغ أطوالهم 38 أو 39 بوصة عن عدد الذين تبلغ أطوالهم 37 أو 40 بوصة؟ ___5___

أعرف أن 13 من أطفال الروضة طولهم 38 بوصة أو 39 بوصة، و 8 من أطفال الروضة طولهم 37 أو 40 بوصة، وبالتالي أطرح فقط. 13 - 8 = 5، وبالتالي فإن الإجابة هي 5 أطفال روضة.

3. استخلص نتيجة بخصوص عدم وجود طلاب رياض أطفال بأطوال بين 0 و35 بوصة.

كان هناك 0 من طلاب رياض الأطفال تقل أطوالهم عن 35 بوصة، لأن معظم طلاب رياض الأطفال تزيد أطوالهم عن 35 بوصة.

سيكون من الصعب اللعب في فريق كرة قدم إذا كان طولك 25 بوصة فقط. يبدو هذا طول طفل صغير!

4. بالنسبة إلى هذه البيانات، سيكون من الأسهل قراءة مسار الخط / الجدول (ضع دائرة حول واحد) لأن ...

من السهل رؤية الأطوال ذات العدد الأكثر والأقل لطلاب رياض الأطفال بالنظر إلى

عدد حروف X. بالإضافة إلى ذلك، القياسات قريبة من بعضها، لذا من السهل إنشاء خط الأعداد.

الدرس 26 الواجبات المنزلية 2•7

الاسم _____ التاريخ _____

استخدم البيانات في الجدول الموضح لإنشاء تمثيل بياني بالنقاط المجمعة والإجابة عن الأسئلة. مثِّل أطوال أربطة الأحذية المعطاة فقط.

1. يوضح الجدول أدناه أطوال أربطة أحذية الطلاب في فصل المعلمة هينري.

طول أربطة الأحذية (بالبوصة)	عدد أربطة الأحذية
27	6
36	10
38	9
40	3
45	2

أ. ما عدد أربطة الأحذية التي تم قياسها؟ _____

ب. كم يزيد عدد أربطة الأحذية التي تبلغ أطوالها 27 أو 36 بوصة عن تلك التي تبلغ أطوالها 40 أو 45 بوصة؟ _____

ج. استخلص نتيجة بخصوص عدم وجود طلاب لديهم أربطة أحذية بأطوال 54 بوصة.

2. بالنسبة إلى هذه البيانات، يكون من الأسهل قراءة تمثيل بياني **بالنقاط المجمعة/ جدول** (ضع دائرة حول واحد) لأن....

استخدم البيانات في الجدول الموضح لإنشاء تمثيل بياني بالنقاط المجمعة والإجابة عن الأسئلة.

3. يوضح الجدول أدناه أطوال أقلام التلوين بالسنتيمتر في علبة أقلام التلوين الخاصة بالمعلمة هاريسون.

الطول (بالسنتيمتر)	عدد أقلام التلوين
4	4
5	7
6	9
7	3
8	1

أ. ما عدد أقلام التلوين في العلبة؟ ___

ب. استخلص نتيجة توضح السبب في أن معظم أقلام التلوين يبلغ طولها 5 أو 6 سنتيمترات:

___

___

___

الصف 2
الوحدة 8

1. حدد عدد الأضلاع والزوايا للشكل. ضع دوائر حول الزوايا.

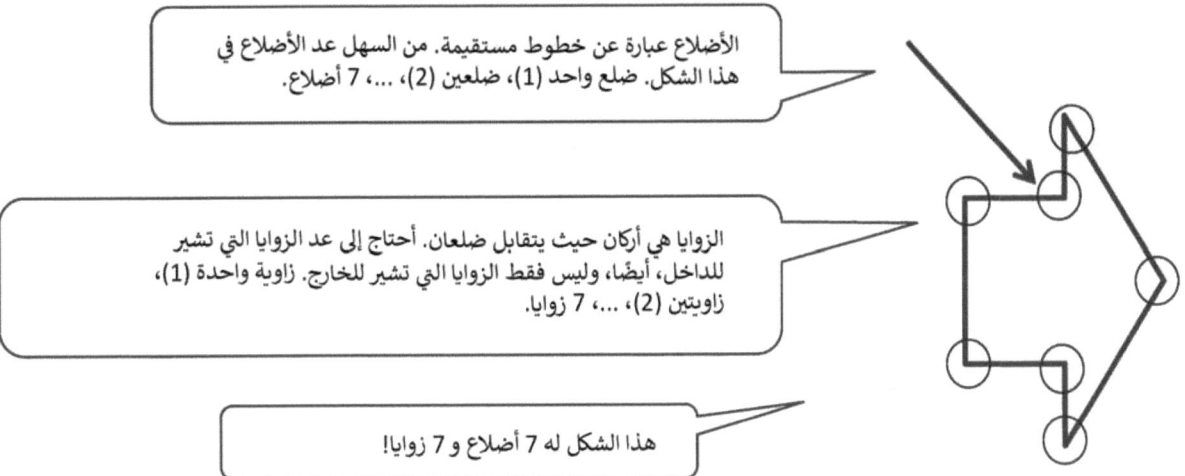

الأضلاع عبارة عن خطوط مستقيمة. من السهل عد الأضلاع في هذا الشكل. ضلع واحد (1)، ضلعين (2)، ...، 7 أضلاع.

الزوايا هي أركان حيث يتقابل ضلعان. أحتاج إلى عد الزوايا التي تشير للداخل، أيضًا، وليس فقط الزوايا التي تشير للخارج. زاوية واحدة (1)، زاويتين (2)، ...، 7 زوايا.

هذا الشكل له 7 أضلاع و 7 زوايا!

2. يقول إيثان إن هذا الشكل له 6 أضلاع و6 زوايا. ويقول فرانكي إن للشكل 8 أضلاع و8 زوايا. أيهما محق؟ وكيف عرفت؟

أعرف أن إيثان محقة لأنني أستطيع عد 6 أضلاع. أرى 3 أضلاع في القمة و 3 أضلاع في الأسفل. بعد ذلك أعد الزوايا. أرى 3 زوايا على اليسار و 3 زوايا على اليمين. وهذا يعني أن هناك 6 أضلاع و 6 زوايا.

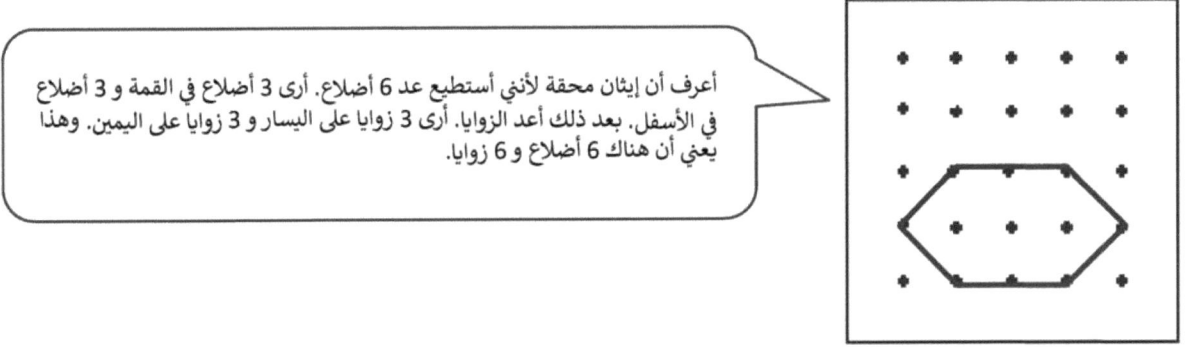

الاسم ______________________ التاريخ __________

1. حدد عدد الأضلاع والزوايا لكل شكل. ضع دائرة حول كل زاوية في أثناء عدِك، إذا لزم الأمر.

أ.

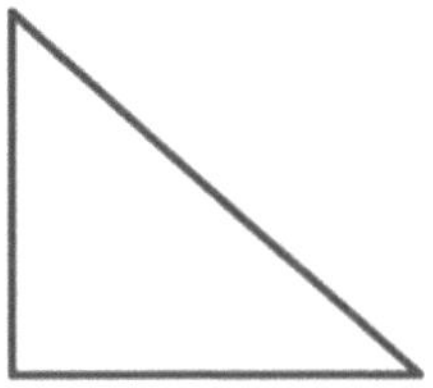

_____ أضلاع

_____ زوايا

ب.

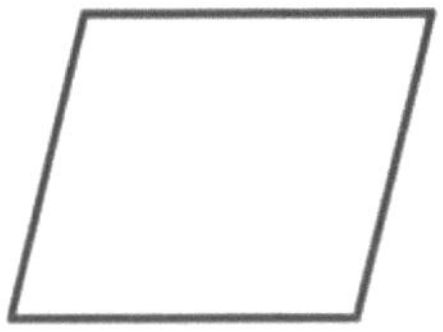

_____ أضلاع

_____ زوايا

ج.

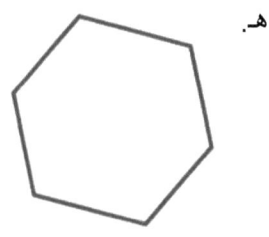

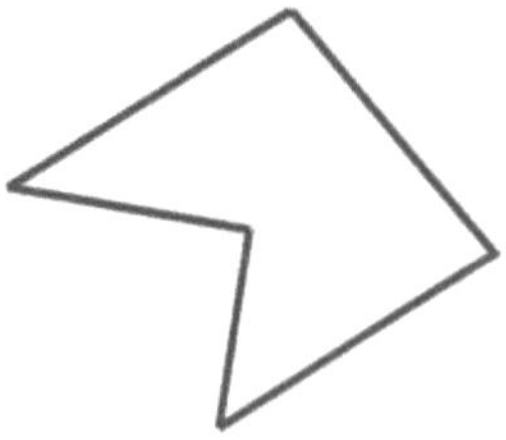

_____ أضلاع

_____ زوايا

د.

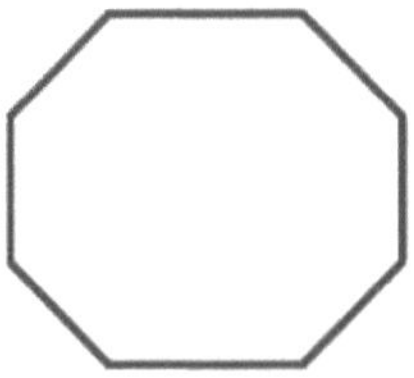

_____ أضلاع

_____ زوايا

هـ.

_____ أضلاع

_____ زوايا

و.

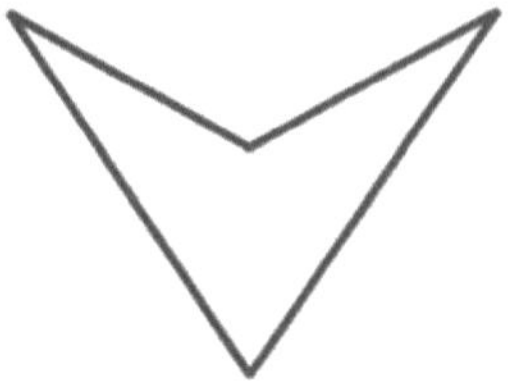

_____ أضلاع

_____ زوايا

ز.

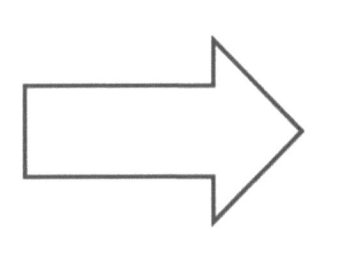

_____ أضلاع

_____ زوايا

ح.

أضلاع _____

_____ زوايا

ط.

_____ أضلاع

_____ زوايا

2. ادرُس الأشكال أدناه. ثم أجب عن الأسئلة.

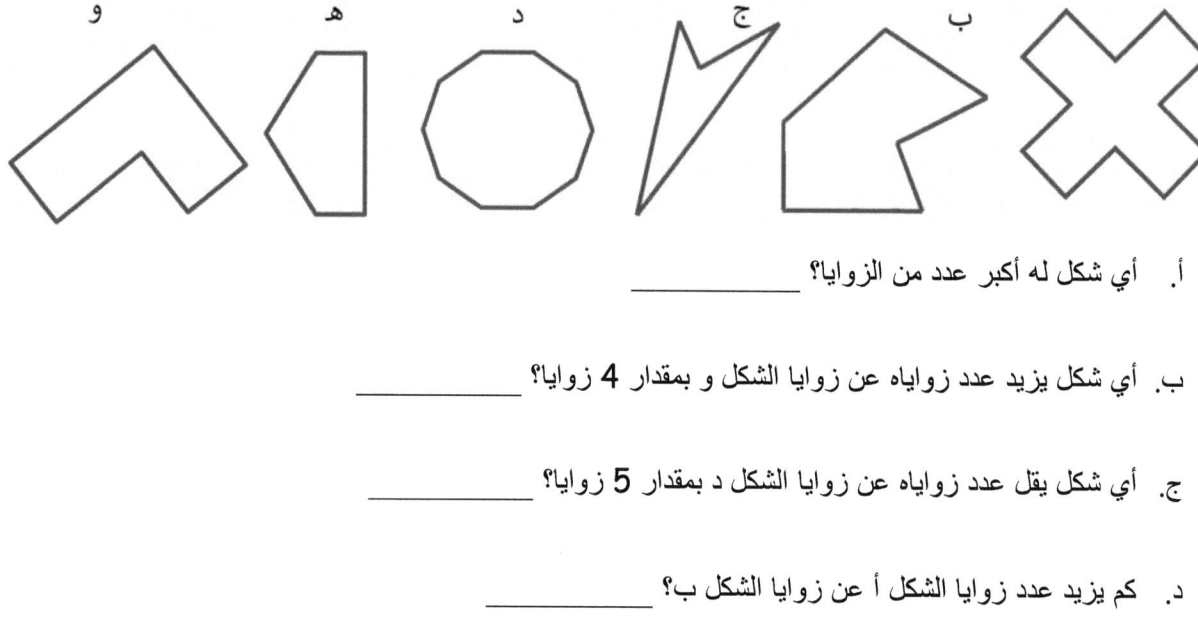

أ. أي شكل له أكبر عدد من الزوايا؟ _____

ب. أي شكل يزيد عدد زواياه عن زوايا الشكل و بمقدار 4 زوايا؟ _____

ج. أي شكل يقل عدد زواياه عن زوايا الشكل د بمقدار 5 زوايا؟ _____

د. كم يزيد عدد زوايا الشكل أ عن زوايا الشكل ب؟ _____

هـ. أي من هذه الأشكال له عدد أضلاع مساوٍ لعدد الزوايا؟ _____

3. طلب معلم جوزيف إنشاء أشكال ذات 6 أضلاع و6 زوايا على لوحته الجغرافية. ظلِّل الشكلين المشتركين في هاتين السمتين، وضَع دائرة حول الشكل غير المنطبق. واشرح سبب عدم انطباقه.

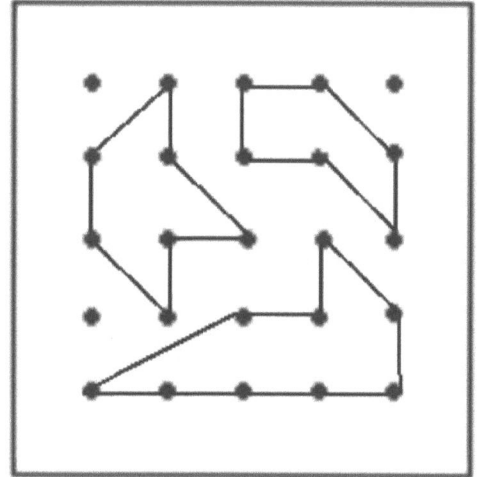

_____
_____

1. عد الأضلاع والزوايا لتحديد المضلع.

يحتوي هذا المضلع على 5 أضلاع و 5 زوايا.
وهذا يجعله مضلع!

شكل خماسي

2. ارسُم أضلاعًا أخرى لإكمال مثالين للمضلع.

	المثال 1	المثال 2
خماسي الأضلاع في كل مثال، أُضيف 3 الخطوط. يحتوي خماسي الأضلاع على إجمالي 5 أضلاع.		

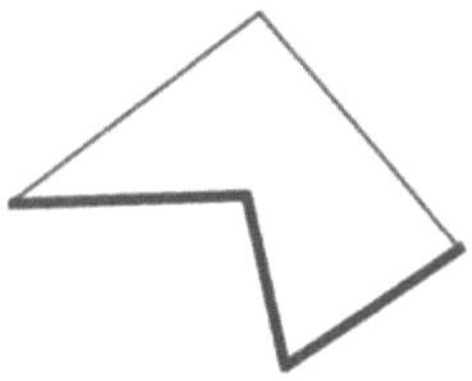

3. اشرح لماذا يعد المضلعان ج و د مثلثين.

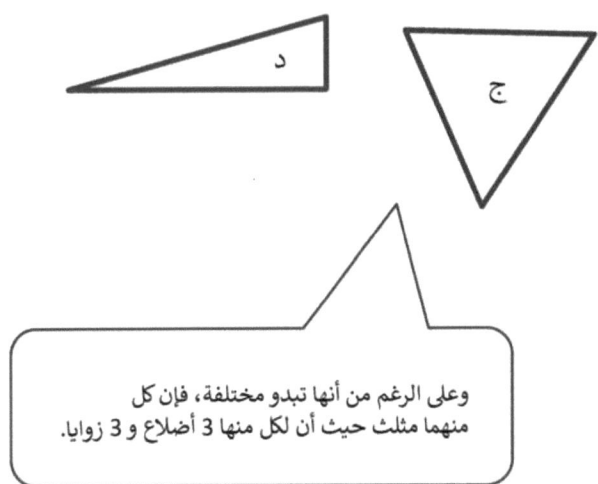

لكلا المضلعين 3 أضلاع و 3 زوايا .

وعلى الرغم من أنها تبدو مختلفة، فإن كل
منهما مثلث حيث أن لكل منها 3 أضلاع و 3 زوايا.

الاسم ______________________ التاريخ ____________

1. عد الأضلاع والزوايا لكل شكل لتحديد كل مضلع.
يمكن استخدام أسماء المضلعات في بنك الكلمات أكثر من مرة.

سداسي الأضلاع	رباعي الأضلاع	مثلث	خماسي الأضلاع

أ.

____

د.

____

ج.

____

د.

____

هـ.

____

و.

____

ز.

____

ح.

____

ط.

____

ي.

____

ك.

____

ل.

____

EUREKA MATH

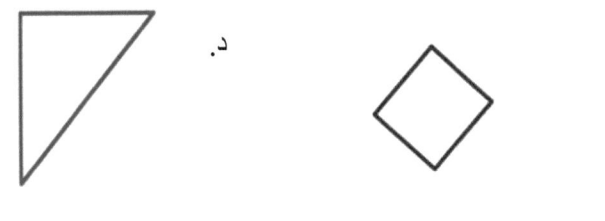

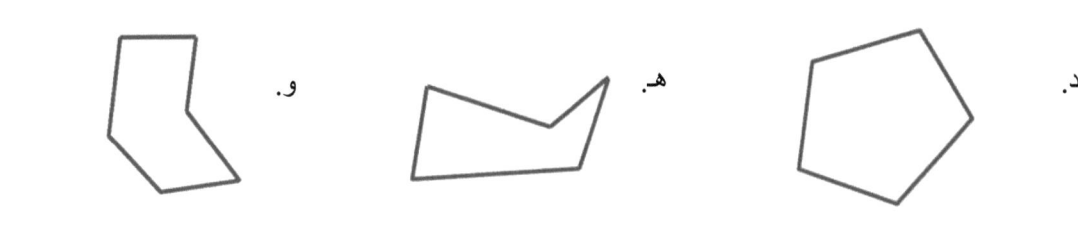

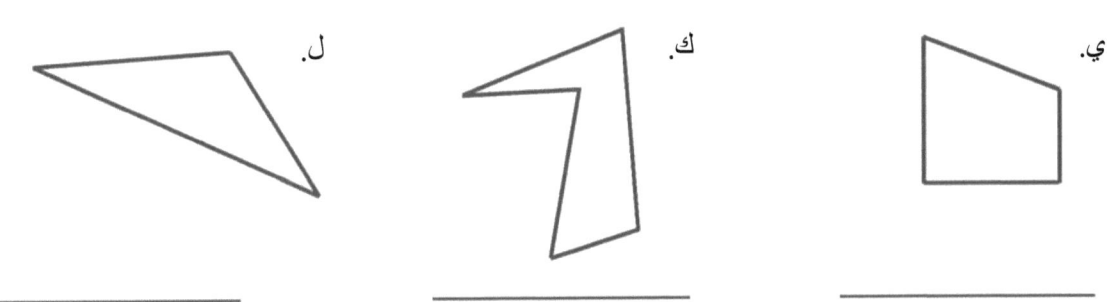

.2 ارسُم أضلاعًا أخرى لإكمال مثالين لكل مضلع.

	المثال 1	المثال 2
أ. **رباعي الأضلاع** في كل مثال، أُضيف ___ من الخطوط. يحتوي رباعي الأضلاع على إجمالي ___ أضلاع.		
ب. **خماسي الأضلاع** في كل مثال، أُضيف ___ من الخطوط. يحتوي خماسي الأضلاع على إجمالي ___ أضلاع.		
ج. **المثلث** في كل مثال، أُضيف ___ من الخطوط. يحتوي المثلث على إجمالي ___ أضلاع.		
د. **سداسي الأضلاع** في كل مثال، أُضيف ___ من الخطوط. يحتوي سداسي الأضلاع على إجمالي ___ أضلاع.		

.3 اشرح لماذا يعد كلا المضلعين أ وب خماسي أضلاع.

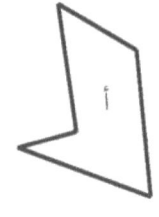

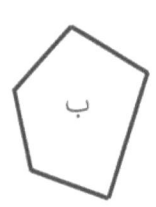

____

____

.4 اشرح لماذا يعد كلا المضلعين ج ود مثلثًا.

____

____

EUREKA MATH

1. استخدِم مسطرة لرسم المضلع بالسمات المعطاة.

   ارسم مضلعًا بثلاث زوايا.

   عدد الأضلاع: ‎3‎

   اسم المضلع: **مثلث**

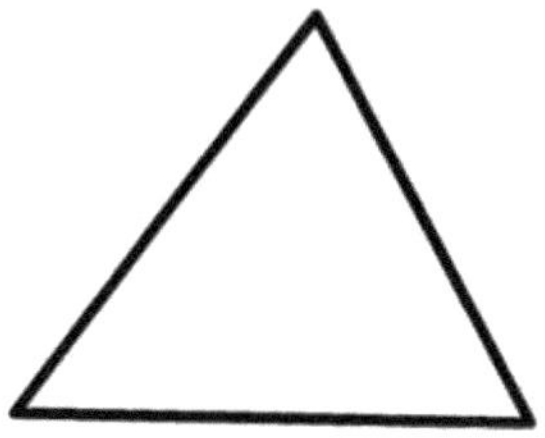

   عندما أرسم مضلع مع 3 زوايا، يكون له أيضًا 3 أضلاع. فهذا يكون مثلث!

2. استخدِم مسطرتك لرسم مثالين جديدين للمضلع الذي رسمته للمسألة 1.

   مثلث

   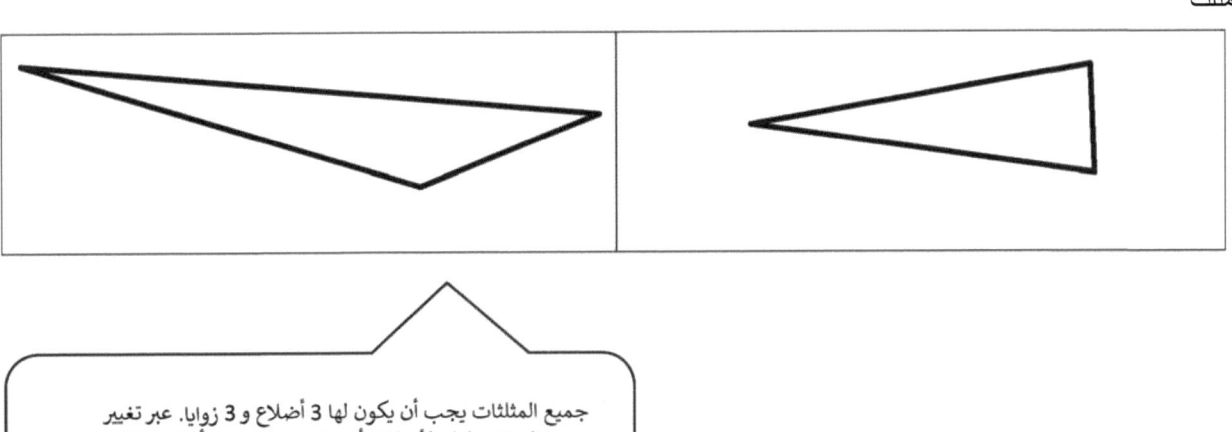

   جميع المثلثات يجب أن يكون لها 3 أضلاع و 3 زوايا. عبر تغيير حجم الزوايا وطول الأضلاع، أستطيع عمل جميع أنواع المثلثات المختلفة! هذا طويل ونحيف!

الاسم _____   التاريخ _____

1. استخدِم المسطرة لرسم المضلع بالسمات المعطاة في الفراغ المحدد على اليمين.

   أ. ارسم مضلعًا بأربع زوايا.

   عدد الأضلاع: _____
   اسم المضلع: _____

   ب. ارسُم مضلعًا سداسي الأضلاع.

   عدد الزوايا: _____
   اسم المضلع: _____

   ج. ارسم مضلعًا بثلاث زوايا.

   عدد الأضلاع: _____
   اسم المضلع: _____

   د. ارسُم مضلعًا خماسي الأضلاع.

   عدد الزوايا: _____
   اسم المضلع: _____

2. استخدم المسطرة لرسم مثالين جديدين لكل مضلع بحيث يكونا مختلفين عما رسمته في الصفحة الأولى.

أ. رباعي الأضلاع

ب. سداسي الأضلاع

ج. خماسي الأضلاع

د. المثلث

الدرس 4 مساعد الواجبات المنزلية 2•8

1. استخدِم مسطرتك لرسم خطين متوازيين غير متساويين في الطول.

أعرف أن الخطوط المتوازية تسير في نفس الاتجاه ولا تتلامس أبدًا. أستطيع رسم الخطوط المتوازية عبر وضع مسطرتي على الورقة واستخدام كلا الجانبين لرسم خطين (2) مستقيمين.

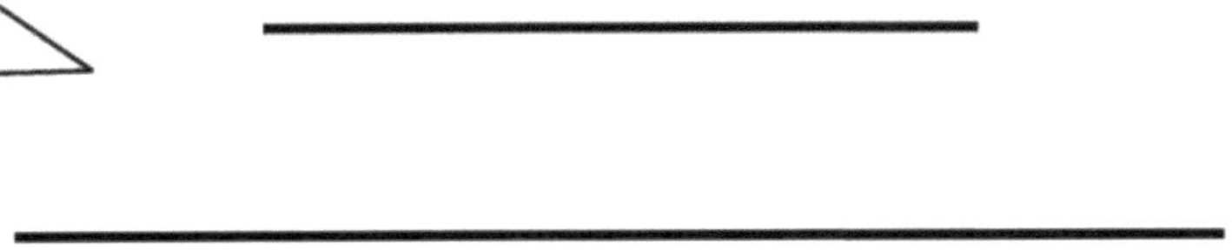

2. ارسم رباعي الأضلاع بأربع زوايا مربعة.

كل من هذين الشكلين الرباعيين به 4 زوايا مربعة. وهذا يعني أن كلا الشكلين مثلث. الشكل الموجود جهة اليمين هو مستطيل خاص يسمى المربع! به 4 زوايا مربعة و 4 أضلاع متساوية الطول!

الزوايا المربعة تكون على شكل حرف L.

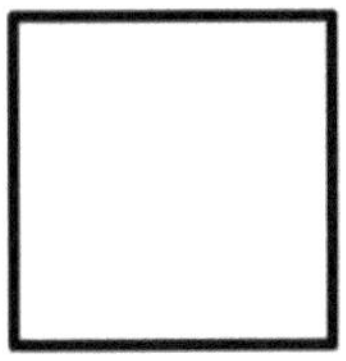

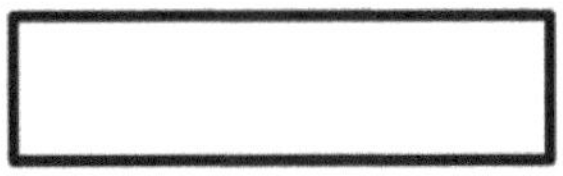

3. ارسُم رباعي أضلاع بزوجين من الأضلاع المتوازية.

أعرف أن هذا شكل رباعي لأن له 4 أضلاع و 4 زوايا. ليس به زوايا مربعة، وبالتالي لا يمكن أن يكون مستطيل. به مجموعتين من الأضلاع المتوازية؛ يجب أن يكون متوازي أضلاع!

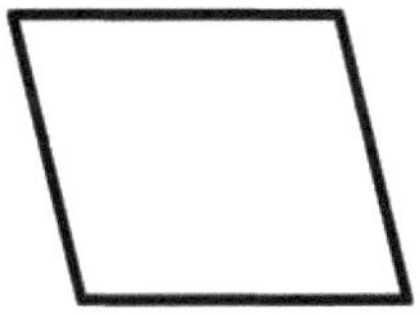

الاسم _____ التاريخ _____

1. استخدِم مسطرتك لرسم خطين متوازيين غير متساويين في الطول.

2. استخدِم مسطرتك لرسم خطين متوازيين متساويين في الطول.

3. ارسُم رباعي أضلاع بزوجين من الأضلاع المتوازية. ما اسم رباعي الأضلاع هذا؟

4. ارسم رباعي الأضلاع بأربع زوايا مربعة وأضلاع متقابلة متساوية في الطول. ما اسم رباعي الأضلاع هذا؟

5. يُعد المربع مستطيلاً مميزًا. ما الذي يجعله مميزًا؟

_____

_____

6. لوّن كل رباعي أضلاع به 4 زوايا مربعة وزوجان من الأضلاع المتوازية باللون الأحمر.
لوّن كل رباعي أضلاع ليس به زوايا مربعة أو أضلاع متوازية باللون الأزرق.
ضع دائرة حول كل رباعي أضلاع به زوج أو أكثر من الأضلاع المتوازية باللون الأخضر.

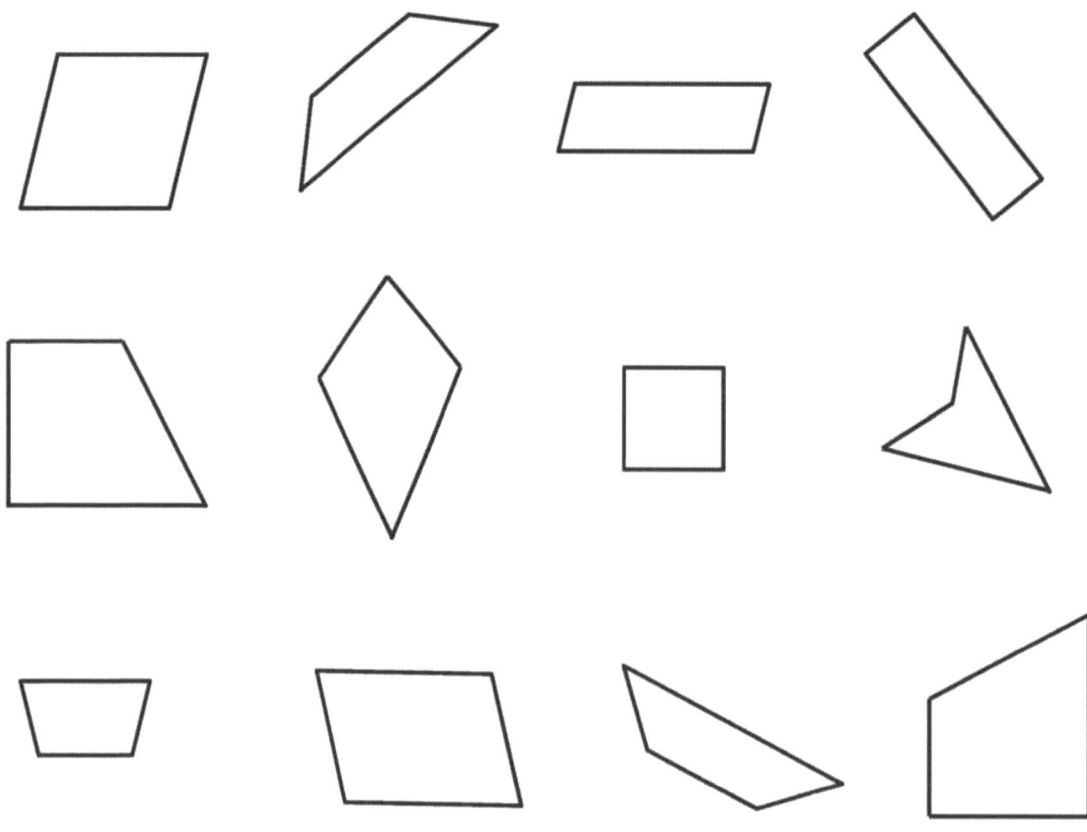

ارسم مكعبًا.

الخطوة 1:

أولاً أرسم مربع. بعد ذلك، أبدأ من منتصف الحافة العلوية، أرسم خطًا موازيًا للحافة العلوية وبنفس الطول تقريبًا.

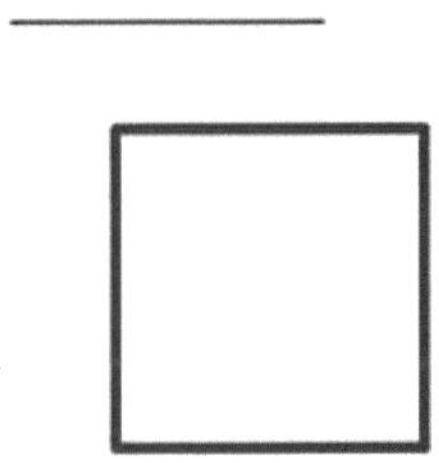

الخطوة 2:

بعد ذلك، أقوم بعمل زاوية مربعة بحيث يكون الضلع الأيمن موازيًا للحافة اليمنى.

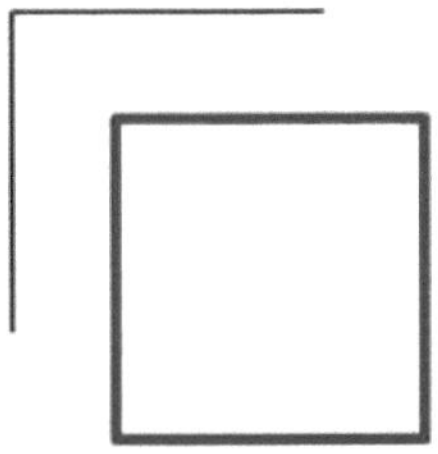

الخطوة 3:

أخيرًا، أرسم ثلاث خطوط لتوصيل زوايا وجه المربع الثلاثة بنقاط النهاية وزوايا الخطوط التي رسمتها.

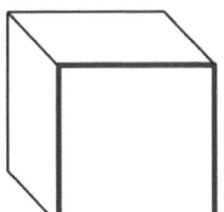

الزوايا حادة. يوجد 4 زوايا في الوجه الأمامي و 4 زوايا في الوجه الخلفي. وهذه معًا تكون 8 زوايا.
أعد الحواف بالإشارة إلى الحواف التي أراها والإشارة إلى الحواف التي أعرف أنها مختفية! أعد 12 حافة!
أرسم 3 أوجه، وأعرف أن 3 مختبأة وهذا يكوّن 6 إجمالاً.

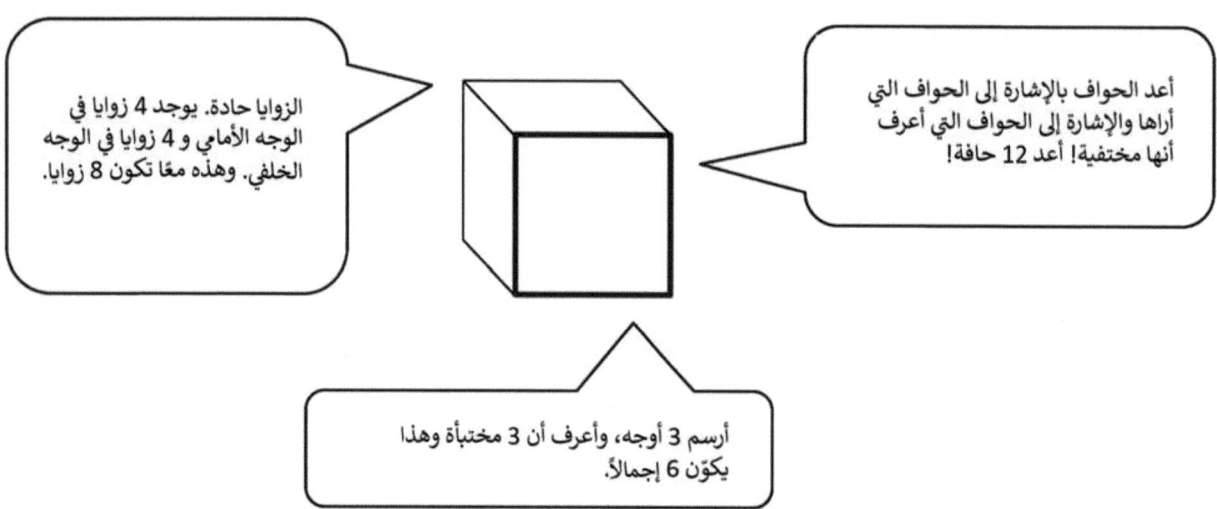

الاسم ______________________ التاريخ ____________

1. ضع دائرة حول الأشكال التي يمكن أن تكون وجه مكعب.

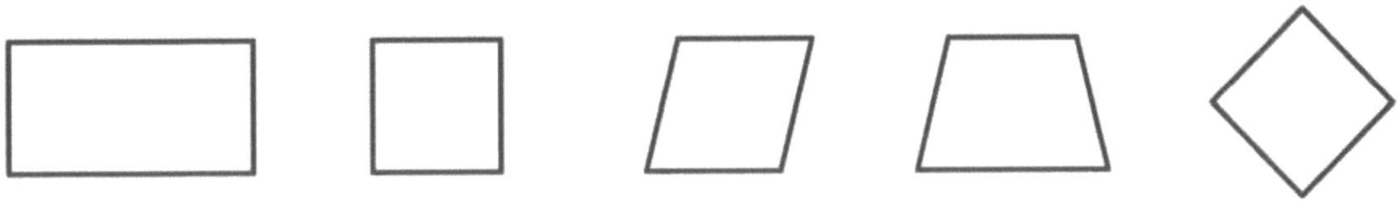

2. ما الاسم الأكثر دقة للشكل الذي وضعتَ حوله دائرة؟ ____________

3. ما عدد زاويا المكعب؟ ________

4. ما عدد حواف المكعب؟ ________

5. ما عدد أوجه المكعب؟ ________

6. رسم 6 مكعبات، وضَع نجمة بجوار أفضلهم بالنسبة إليك.

المكعب الأول	المكعب الثاني
المكعب الثالث	المكعب الرابع
المكعب الخامس	المكعب السادس

7. اربط زوايا المربعات للحصول على نوع مختلف من رسومات المكعب.

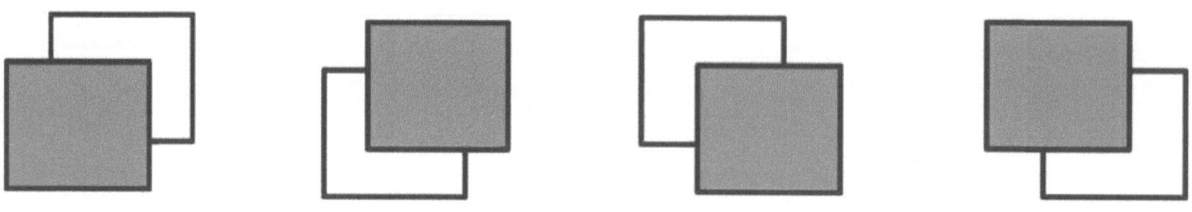

8. استخدمت باتريشيا صورة المكعب أدناه لعدّ 7 زوايا. اشرح أين تختفي الزاوية الثامنة.

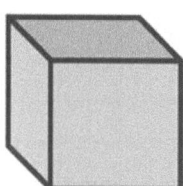

_____
_____
_____

1. عرّف كل مضلع مسمى في التانغرام بأدق تعريف ممكن في الفراغ أدناه.

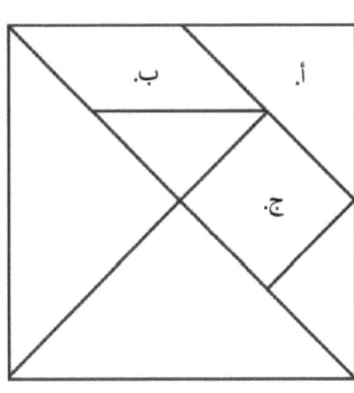

أ. مثلث

ب. متوازي أضلاع

ج. مربع

أعرف أن الحرف b هو متوازي أضلاع لأن به مجموعتين (2) من الأضلاع المتوازية ولكن لا يوجد زوايا مربعة! 3 أضلاع و 3 زوايا تكون مثلث!

أعرف أن الحرف C مربع. به أربع زوايا مربعة، مجموعتين (2) من الأضلاع المتوازية، وكل الأضلاع متساوية في الطول!

2. استخدِم متوازي الأضلاع وأصغر مثلثين في التانغرام لإنشاء المضلعات التالية. ارسمها في الفراغ أدناه.

أ. شكل رباعي به زوج واحد (1) من الأضلاع المتوازية

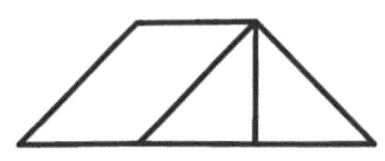

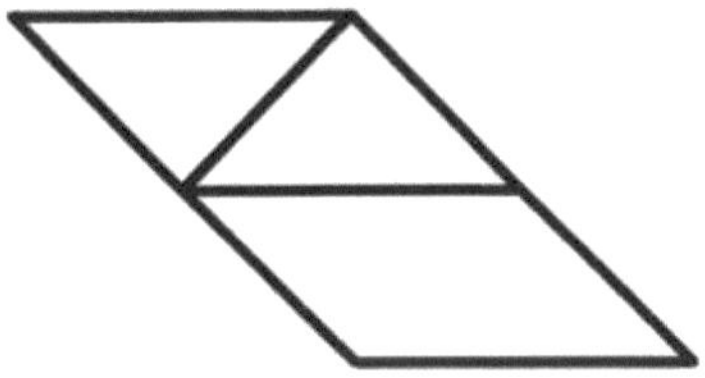

انظر، لقد صنعت شبه منحرف! به 4 أضلاع مستقيمة، ولكنها ليست متساوية في الطول.
أعرف أنه شبه منحرف لأنه يحتوي على زوج واحد على الأقل من الأضلاع المتوازية.

ب. شكل رباعي بدون زوايا مربعة

أعرف أن هذا الشكل هو متوازي الأضلاع. يحتوي على زوجين من الأضلاع المتوازية ولا يوجد جوانب مربعة. يمكنني رؤية شكل شبه منحرف مختبيء داخله.

الاسم ______________________ التاريخ ______________

1. عرّف كل مضلع مسمى في التانغرام بأدق تعريف ممكن في الفراغ أدناه.

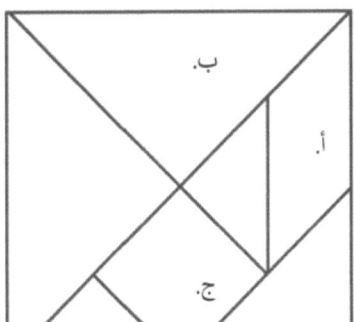

أ. ______________________

ب. ______________________

ج. ______________________

2. استخدم المربع وأصغر مثلثين من قطع التانغرام لصنع المضلعات التالية. ارسمها في الفراغ أدناه.

أ. مثلث بزاوية مربعة.	ب. رباعي أضلاع بأربع زوايا مربعة.
ج. رباعي أضلاع بلا زوايا مربعة.	د. رباعي أضلاع به زوج واحد من الأضلاع المتوازية.

3. أعِد ترتيب متوازي الأضلاع وأصغر مثلثين من قطع التانغرام لإنشاء سداسي أضلاع. ارسم الشكل الجديد أدناه.

4. أعِد ترتيب قطع التانغرام للحصول على 6 مضلعات أخرى على الأقل! ارسمها أدناه وسمِّها.

قص التانغرام إلى 7 قطع أحجيات.

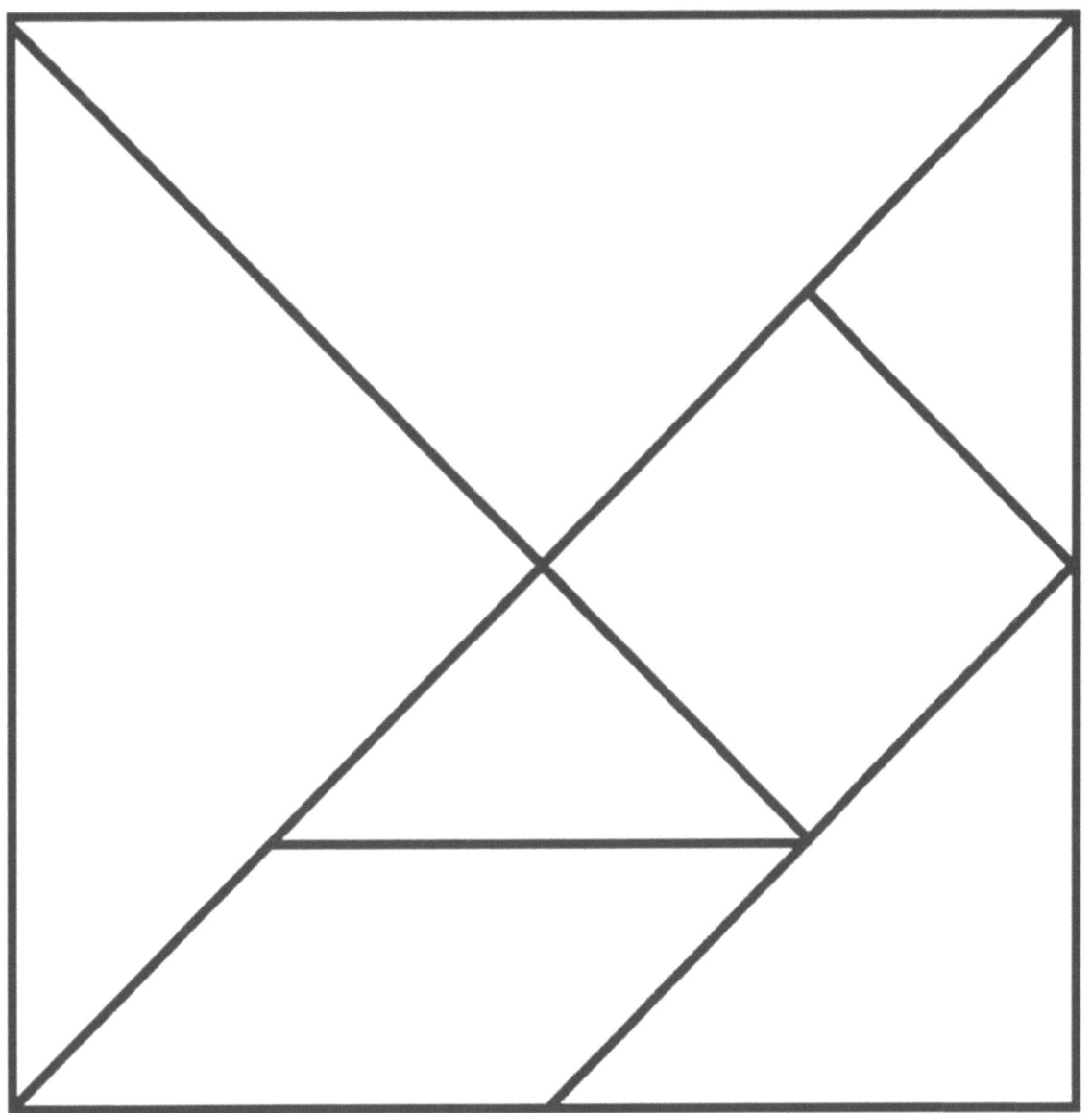

التانغرام

1. حل الأحجية التالية باستخدام قطع التانغرام. ارسم حلولك في الفراغ أدناه.

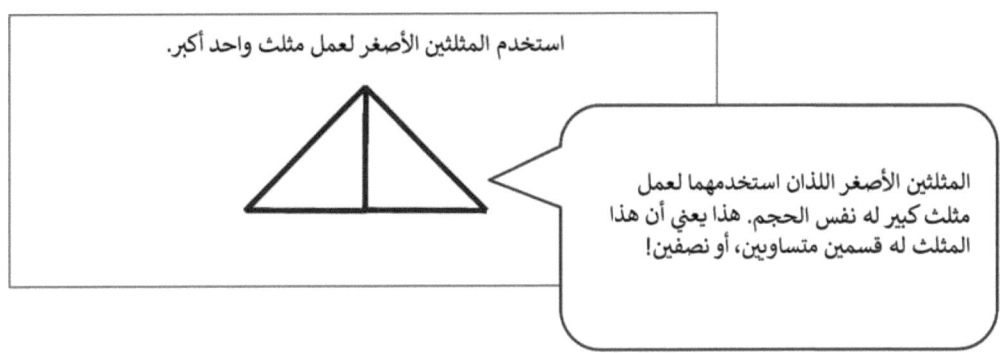

2. ضع دائرة حول الأشكال التي بها أثلاث.

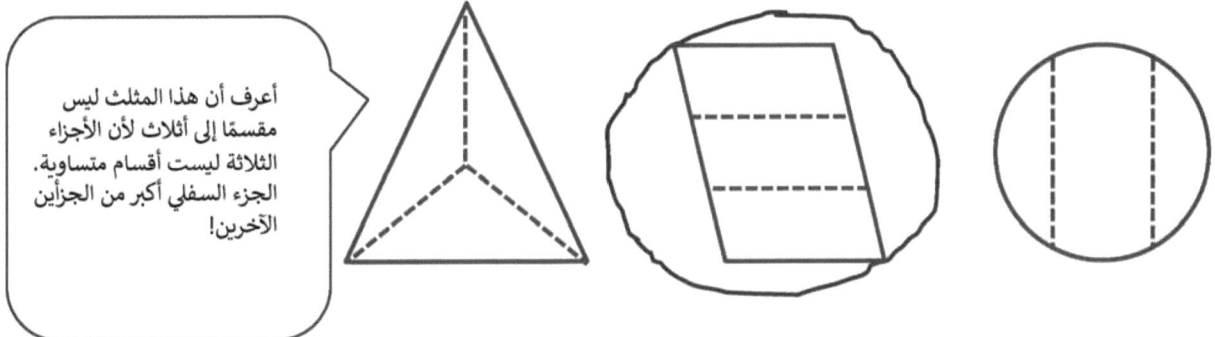

3. ادرُس المستطيل.

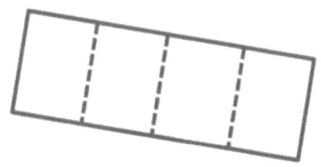

أ. ما عدد الأجزاء المتساوية التي يحتويها المستطيل؟ _____4_____

ب. ما عدد الأرباع في المستطيل؟ _____4_____

الاسم _____ التاريخ _____

1. حل الأحجيات التالية باستخدام قطع التانغرام. ارسم حلولك في الفراغ أدناه.

أ. استخدِم أكبر مثلثين لإنشاء مربع.	ب. استخدِم أصغر مثلثين لإنشاء مربع.
ج. استخدِم أصغر مثلثين لإنشاء متوازي أضلاع بلا زوايا مربعة.	د. استخدِم أصغر مثلثين لإنشاء مثلث أكبر.
هـ. ما عدد الأجزاء المتساوية التي تحتويها الأشكال الكبيرة في الأجزاء (أ-د) ؟	و. ما عدد الأنصاف المكونة للأشكال الكبيرة في الأجزاء (أ-د)؟

2. ضع دائرة حول الأشكال التي بها أنصاف.

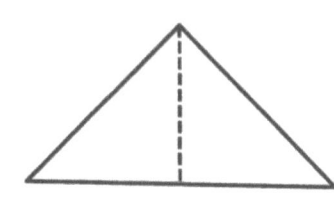 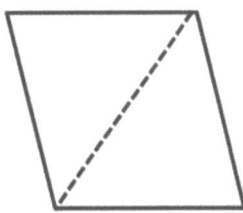 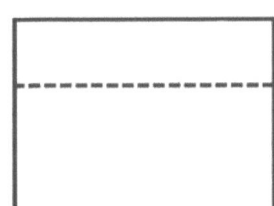 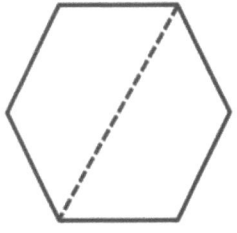

3. ادرُس شبه المنحرف.

أ. ما عدد الحصص المتساوية التي يحتويها شبه المنحرف؟ _____

ب. ما عدد الأثلاث في شبه المنحرف؟ _____

4. ضع دائرة حول الأشكال التي بها أثلاث.

5. ادرُس متوازي الأضلاع.

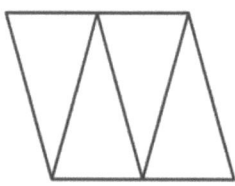

أ. ما عدد الأجزاء المتساوية التي يحتويها الشكل؟ _____

ب. ما عدد الأرباع في الشكل؟ _____

6. ضع دائرة حول الأشكال التي بها أرباع.

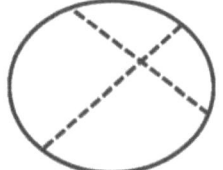 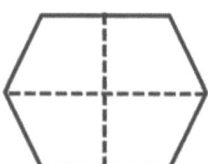 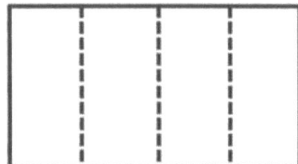

1. سمِّ مكعب الأنماط المستخدم لتغطية نصف المستطيل. __مربع__

ارسم مكعبَي الأنماط المستخدمين لتغطية كلا نصفَي المستطيل.

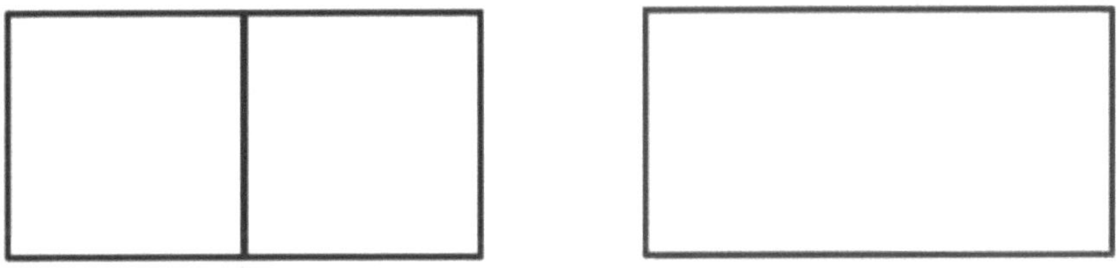

> أستطيع تغطية المستطيل بمربعين. القسمين المتساويين، أو النصفين، يكونان مستطيل واحد كامل.

2. ارسُم خطين للحصول على 3 مثلثات في شبه المنحرف أدناه.

> تساعدني معرفة أن المثلث له 3 أضلاع على تحديد أين أرسم خطوطي.

أ. ظلل مثلثًا واحدًا. يمثل كل مثلث __ثلث__ (نصف / ثلث / ربع) شبه المنحرف الكامل.

ب. ظلل مثلثًا واحدًا آخر. الآن، ظلل __ثلثَي__ (نصفَي / ثلثَي / ربعَي) شبه المنحرف الكامل.

ج. ظلل مثلث واحد أكثر. __3__ أثلاث يساوي 1 صحيح.

> إذا كان ثلثي شبه المنحرف مظللين، يكون عندي ثلث واحد لتظليله. بعد ذلك ستكون الـ 3 أثلاث مظللة. وهذا يكون 1 صحيح!

الاسم _____ التاريخ _____

1. سمِّ مكعب الأنماط المستخدم لتغطية نصف المعين الهندسي. _____

ارسم مكعبَي الأنماط المستخدمين لتغطية كلا نصفَي المعين الهندسي.

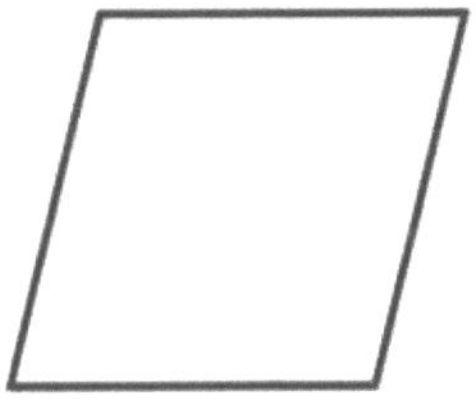

2. سمِّ مكعب الأنماط المستخدم لتغطية نصف سداسي الأضلاع. _____

ارسم مكعبَي الأنماط المستخدمين لتغطية كلا نصفَي سداسي الأضلاع.

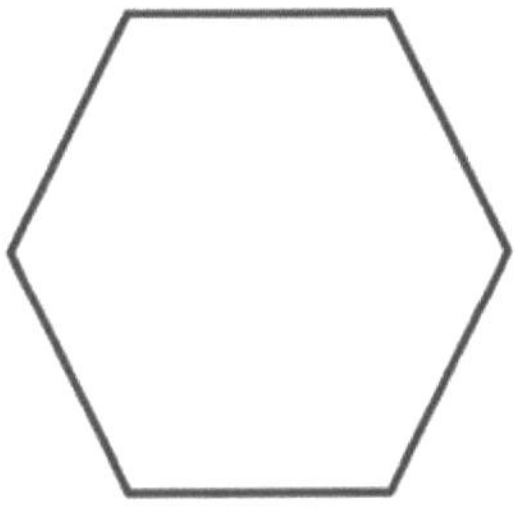

3. سمِّ مكعب الأنماط المستخدم لتغطية ثلث سداسي الأضلاع. _____

ارسم مكعبات الأنماط الثلاثة المستخدمة لتغطية أثلاث سداسي الأضلاع.

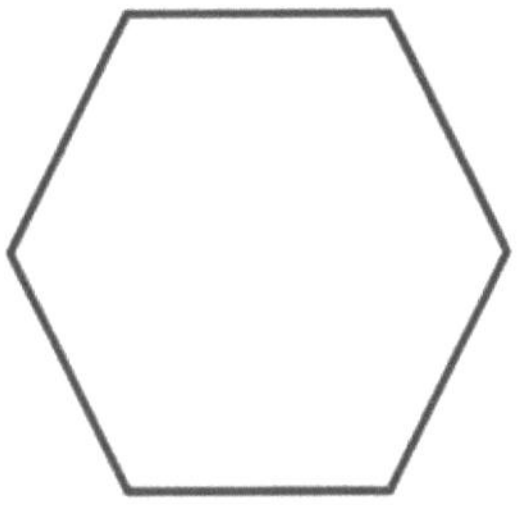

4. سمِّ مكعب الأنماط المستخدم لتغطية ثلث شبه المنحرف. _____

ارسم مكعبات الأنماط الثلاثة المستخدمة لتغطية أثلاث شبه المنحرف.

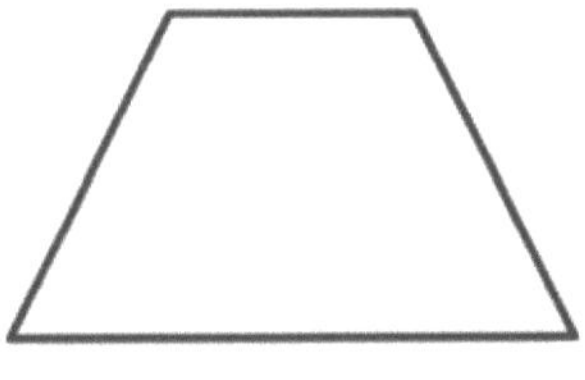

5. ارسُم خطين للحصول على 4 مربعات في المربع أدناه.

أ. ظلل مربعًا واحدًا صغيرًا. يمثل كل مربع صغير ____________ (نصف / ثلث/ ربع) المربع الكامل.

ب. ظلل مربعًا صغيرًا آخر. الآن، ظلل ____________ (نصفَي / ثلثَي / ربعَي) المربع الكامل.

ج. وربعا المربع يساويان __________ (نصف / ثلث / ربع) المربع الكامل.

د. ظلل مربعين صغيرين آخرين. _____أرباع تساوي المربع الكامل.

6. سمِّ مكعب الأنماط المستخدم لتغطية سدس سداسي الأضلاع. ________________

ارسم مكعبات الأنماط الستة المستخدمة لتغطية 6 أسداس سداسي الأضلاع.

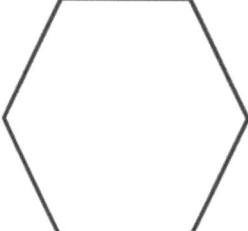

1. ضع دائرة حول الأشكال المنقسمة إلى جزأين متساويين مع جزء واحد مظلل.

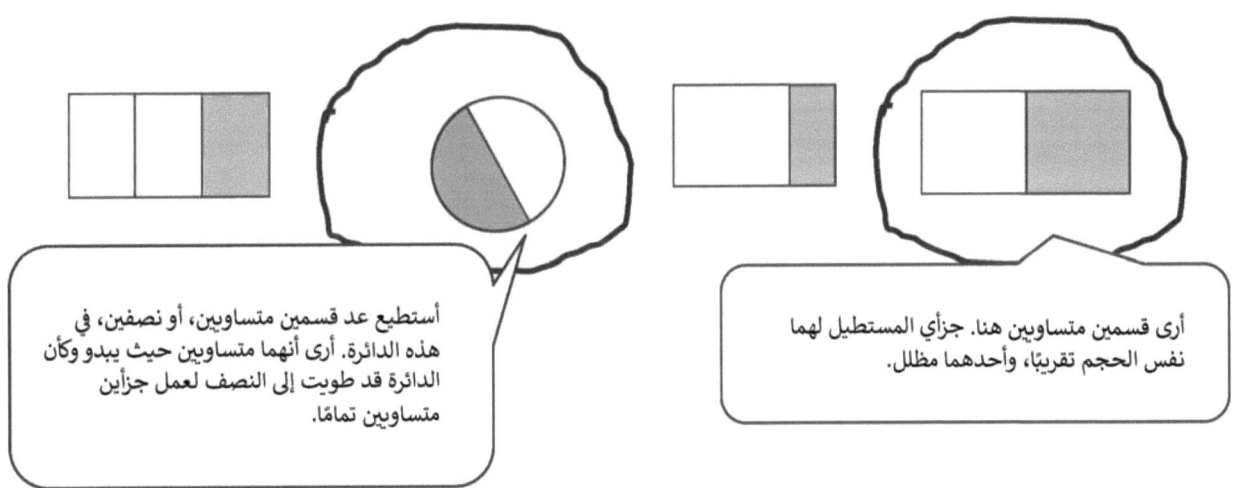

2. ظلِّل نصفًا واحدًا في الشكل المنقسم إلى جزأين متساويين. ظُلل جزء واحد للتوضيح.

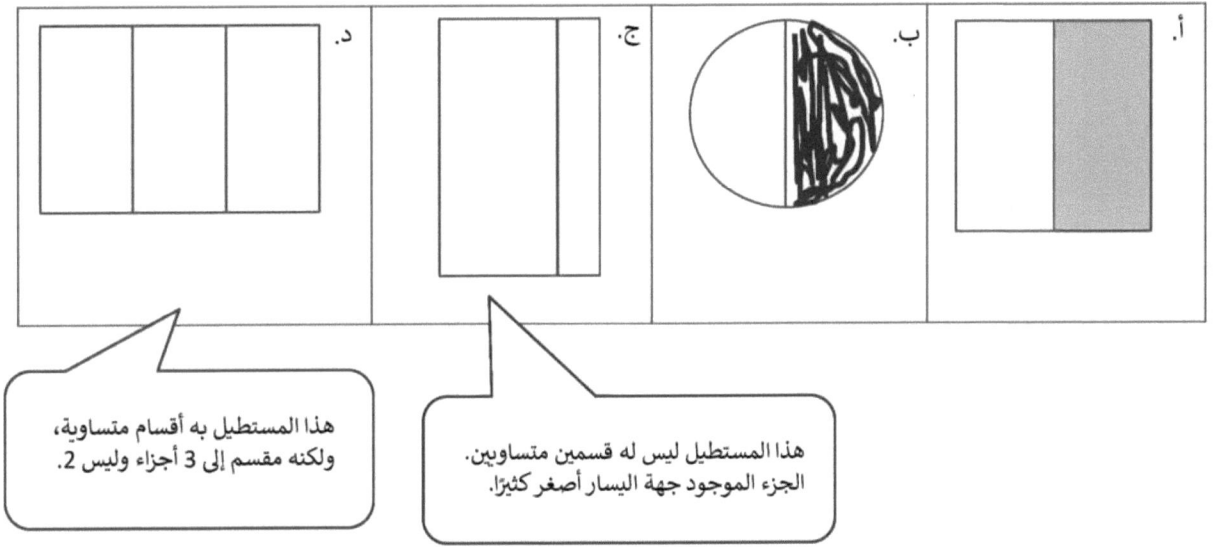

3. قسِّم الأشكال لتوضيح الأنصاف. وظلل نصفًا واحدًا لكل منها. قارن أنصافك بأنصاف شريكك.

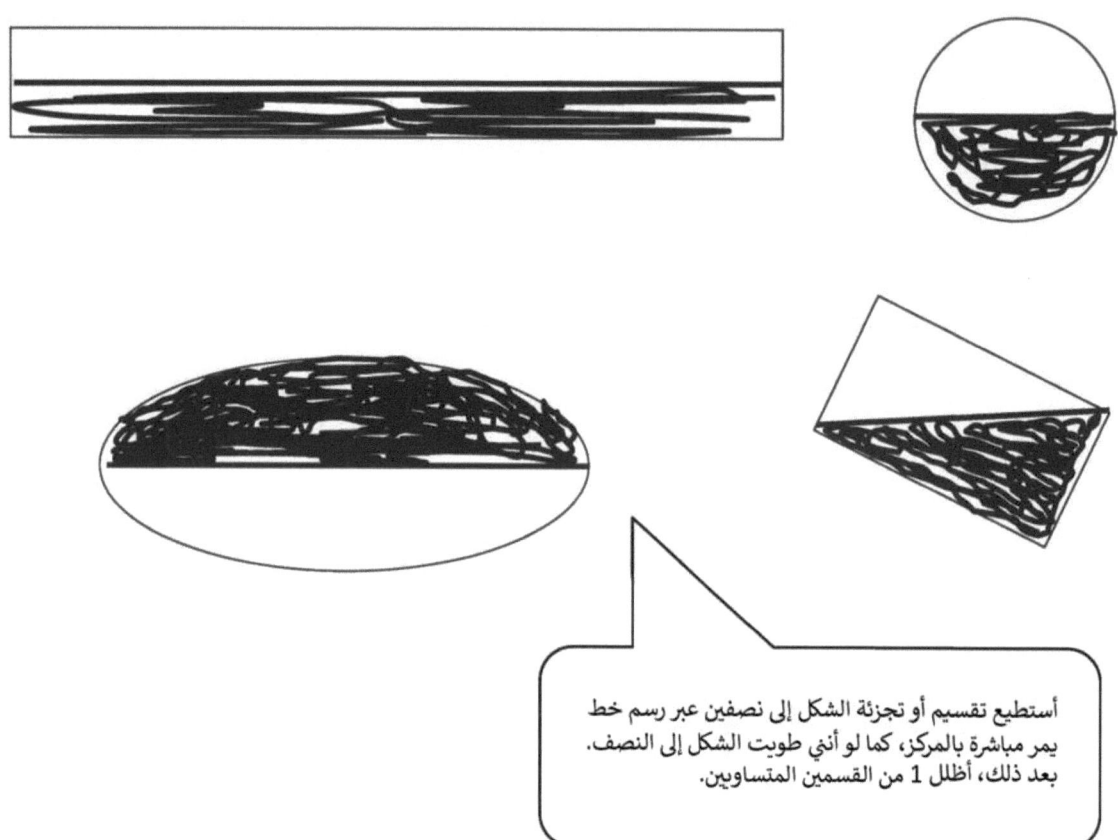

أستطيع تقسيم أو تجزئة الشكل إلى نصفين عبر رسم خط يمر مباشرة بالمركز، كما لو أنني طويت الشكل إلى النصف. بعد ذلك، أظلل 1 من القسمين المتساويين.

الاسم ______________________ التاريخ ______________

1. ضع دائرة حول الأشكال المنقسمة إلى جزأين متساويين مع جزء واحد مظلل.

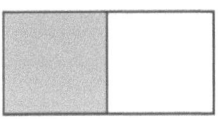

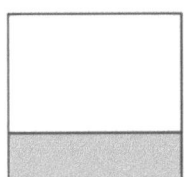

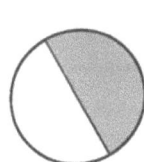

2. ظلِّل نصفًا واحدًا في الشكل المنقسم إلى جزأين متساويين. ظُلل جزء واحد للتوضيح.

أ.

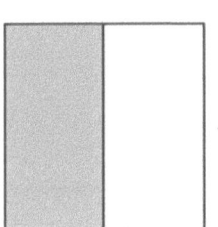

ب.

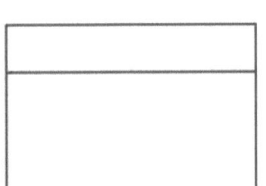

ج.

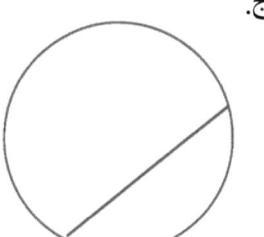

د.

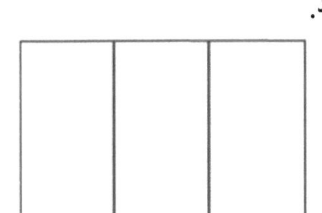

هـ.

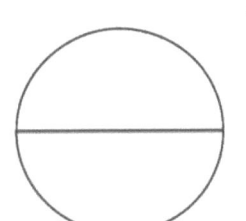

و.

ز.

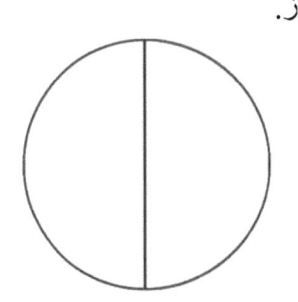

ح.

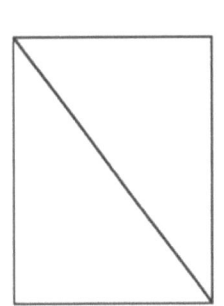

ط.

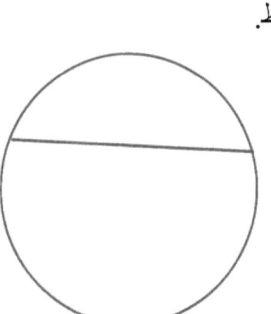

3. قسِّم الأشكال لتوضيح الأنصاف. وظلل نصفًا واحدًا لكل منها.

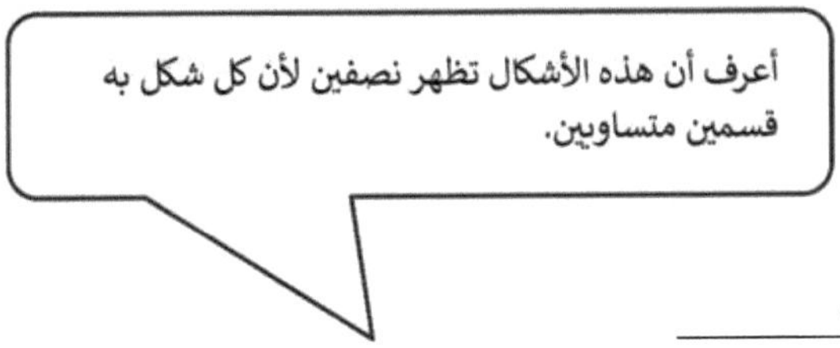

1. هل الأشكال التالية تستعرض أنصافًا أم أثلاثًا؟ _____أنصاف_____

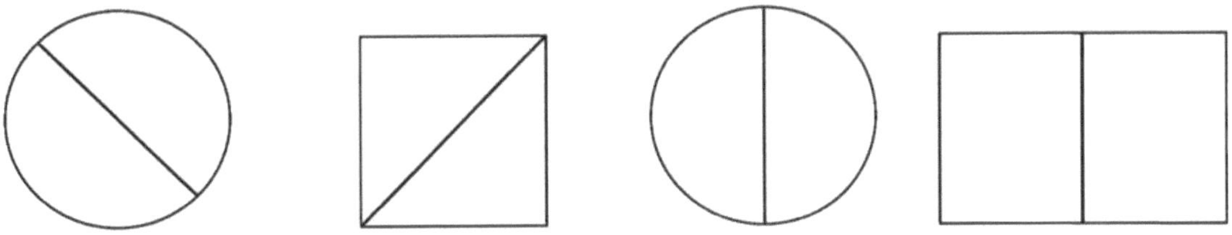

أعرف أن هذه الأشكال تظهر نصفين لأن كل شكل به قسمين متساويين.

ارسم خطًا واحدًا آخر لتقسيم كل شكل إلى أرباع.

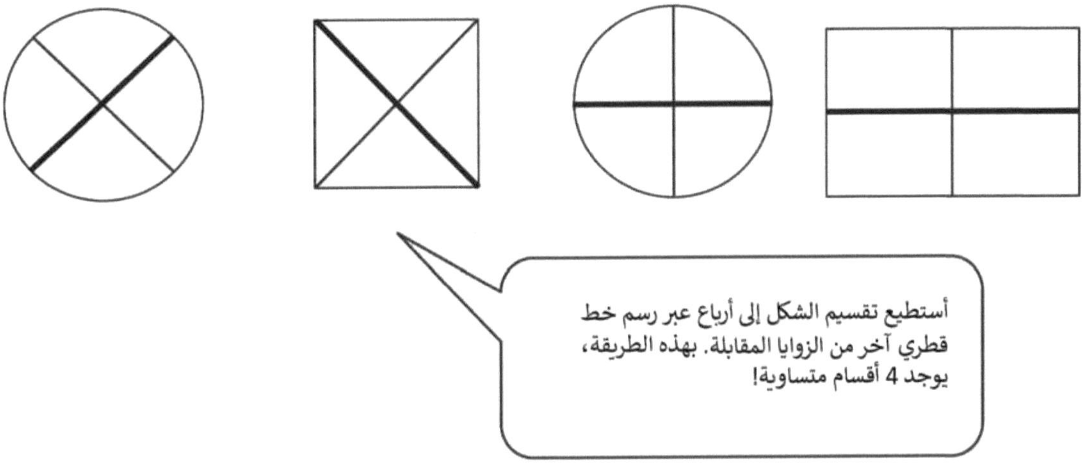

أستطيع تقسيم الشكل إلى أرباع عبر رسم خط قطري آخر من الزوايا المقابلة. بهذه الطريقة، يوجد 4 أقسام متساوية!

2. قسِّم كل مستطيل إلى أرباع. ثم ظلِّل الأشكال كما هو موضح.

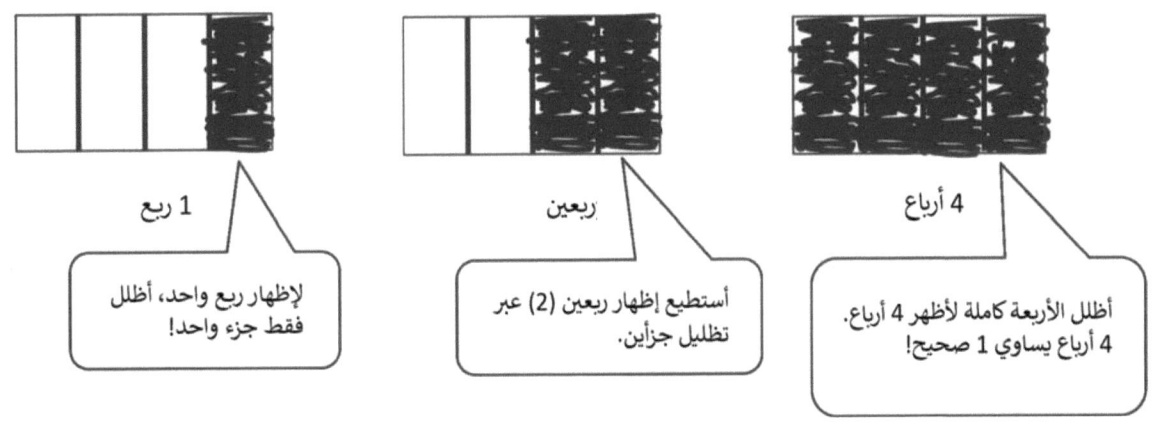

4 أرباع

ربعين

1 ربع

أظلل الأربعة كاملة لأظهر 4 أرباع. 4 أرباع يساوي 1 صحيح!

أستطيع إظهار ربعين (2) عبر تظليل جزأين.

لإظهار ربع واحد، أظلل فقط جزء واحد!

3. قسِّم قطعة حلوى الجرانولا أدناه بحيث تأخذ ليزا ومجيا وجيسا نصيبًا متساويًا. سمِّ نصيب كل طالبة باسمها.

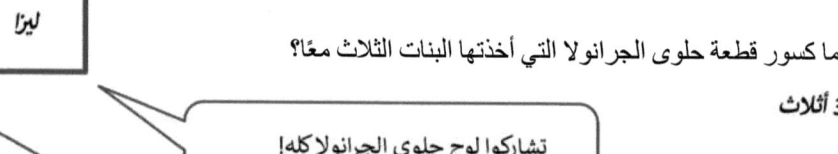

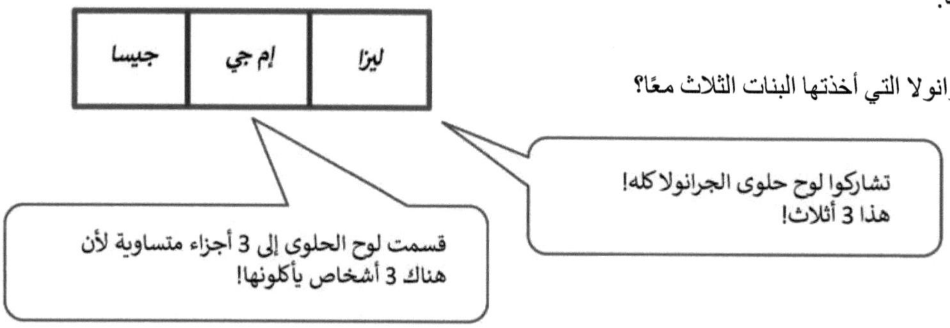

ما كسور قطعة حلوى الجرانولا التي أخذتها البنات الثلاث معًا؟

3 أثلاث

تشاركوا لوح حلوى الجرانولا كله! هذا 3 أثلاث!

قسمت لوح الحلوى إلى 3 أجزاء متساوية لأن هناك 3 أشخاص يأكلونها!

الاسم _____ التاريخ _____

1. أ. هل الأشكال التالية تستعرض أنصافًا أم أثلاثًا؟ _____

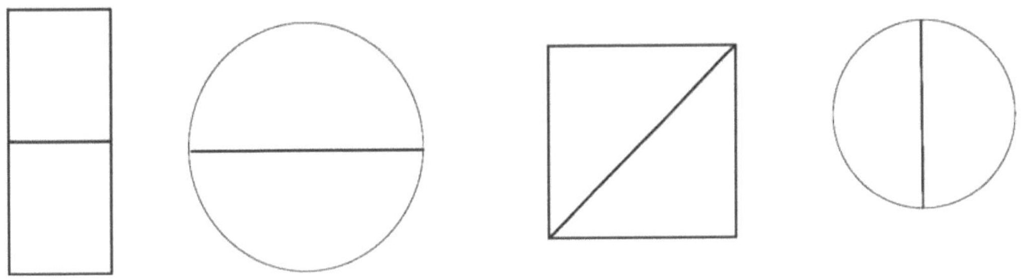

   ب. ارسم خطًا واحدًا آخر لتقسيم كل شكل أعلاه إلى أرباع.

2. قسِّم كل مستطيل إلى أثلاث. ثم ظلِّل الأشكال كما هو موضح.

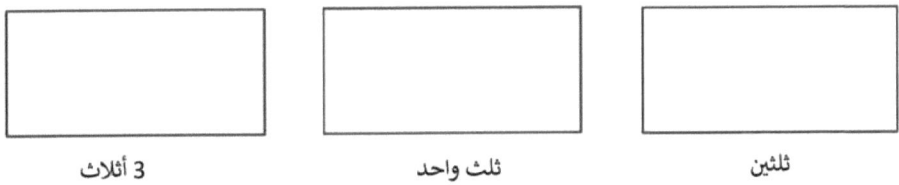

ثلثين   ثلث واحد   3 أثلاث

3. قسِّم كل دائرة إلى أرباع. ثم ظلِّل الأشكال كما هو موضح.

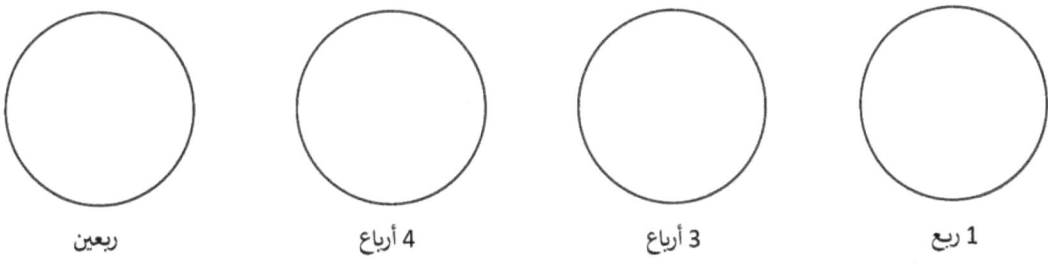

1 ربع   3 أرباع   4 أرباع   ربعين

4. قسِّم الأشكال التالية وظلِّلها. يمثِّل كل مستطيل أو دائرة شكلاً واحدًا كاملاً.

أ. نصف واحد   ب. ربع واحد 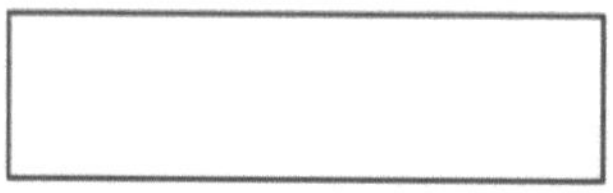   ج. ثلث واحد

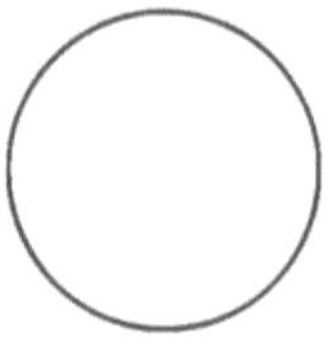

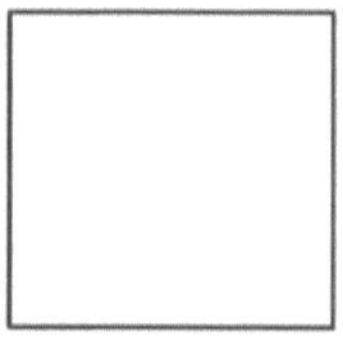

د. ربعان 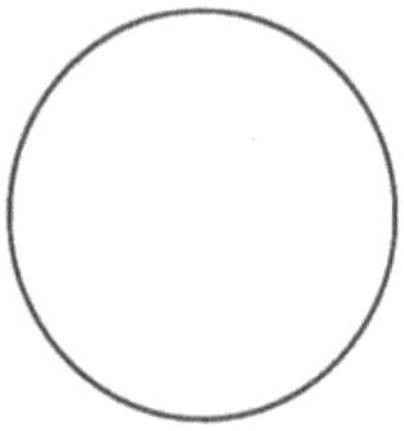   هـ. نصفان 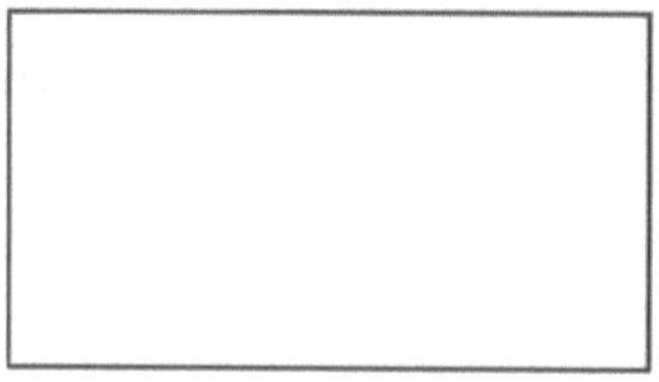   و. ثلثان

ز. 3 أثلاث    ح. 3 أرباع 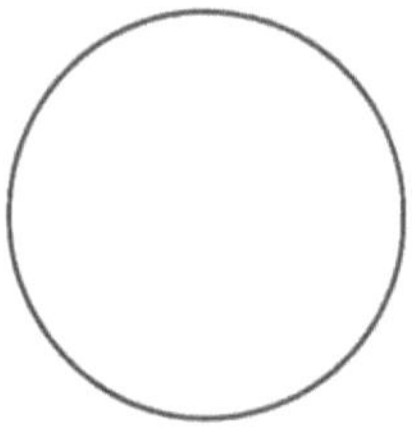   ط. 3 أنصاف

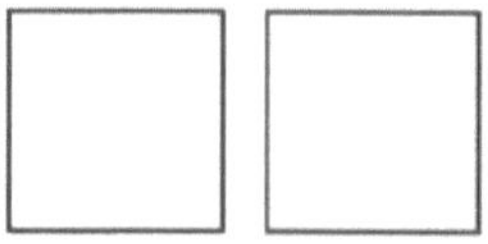

5. قسِّم فطيرة البيتزا أدناه بحيث يحصل كل من شين وراؤول وجون على نصيب متساوٍ. سمِّ نصيب كل طالب باسمه.

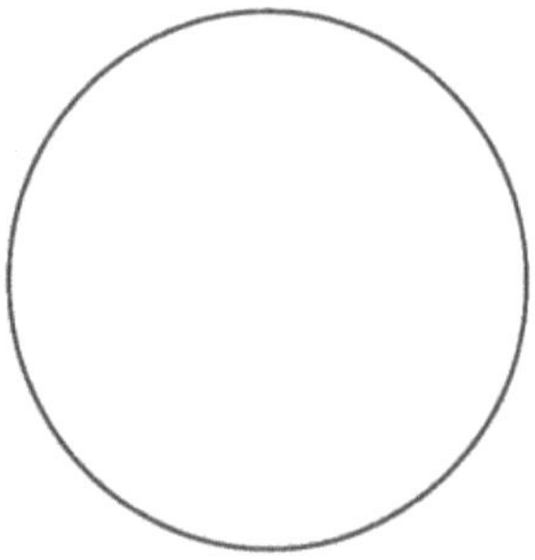

ما كسور فطيرة البيتزا التي أخذها الأولاد الثلاثة معًا؟

1. في الجزء (أ)، حدِّد المساحة المظلَّلة.

أ.

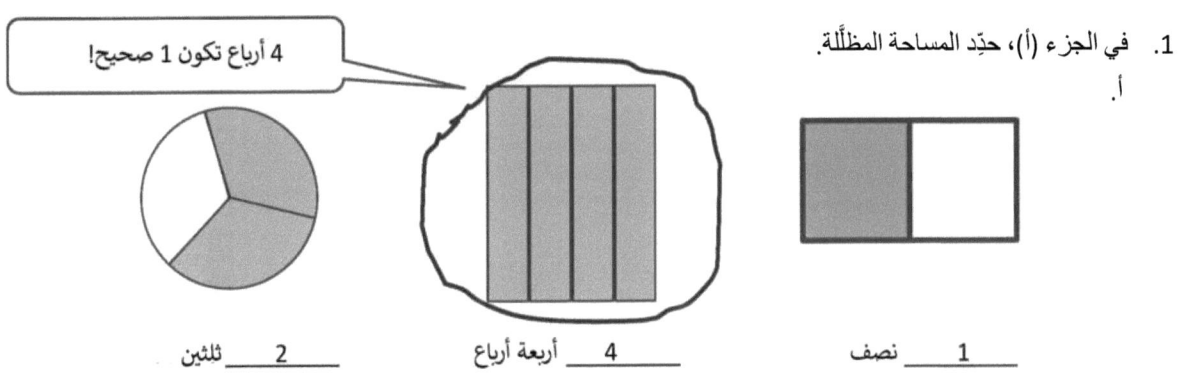

__1__ نصف   __4__ أربعة أرباع   __2__ ثلثين

ب. ضع دائرة حول الشكل أعلاه الذي يحتوي على مساحة مظللة توضح الشكل كاملاً.

2. ما الكسور التي تحتاج إلى تلوينها ليصبح الشكل مظللاً بالكامل؟

أ.

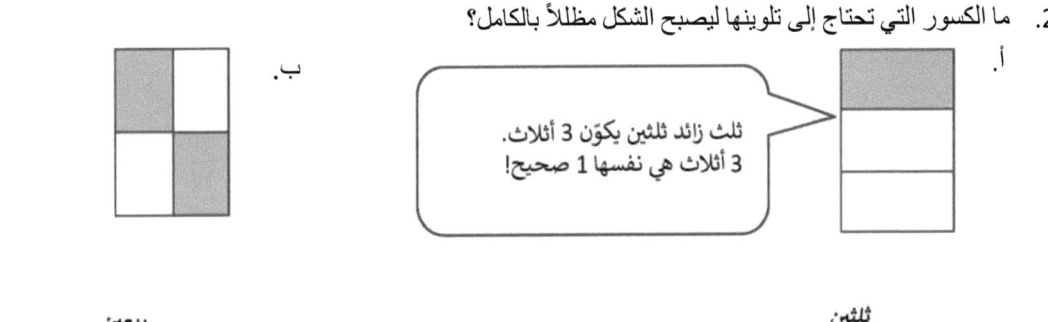

_____ ثلثين

ب.

_____ ربعين

3. أكمل الرسم لعرض الشكل كاملاً.

هذا ثلث واحد.

ارسم شكلاً كاملاً.

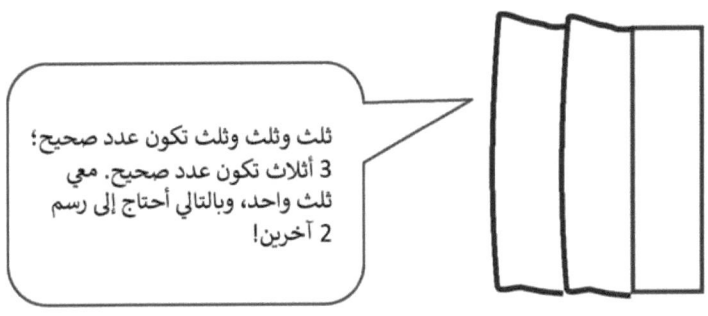

الاسم ______________________________________ التاريخ ________________

1. في الأجزاء (أ) و(ج) و(هـ)، حدِّد المساحة المظلَّلة.

أ.

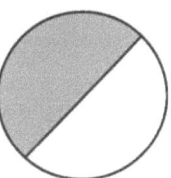

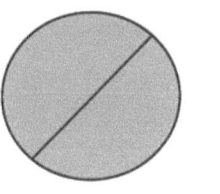

_______ نصف _______ أنصاف

ب. ضع دائرة حول الشكل أعلاه الذي يحتوي على مساحة مظللة توضح الشكل كاملاً.

ج.

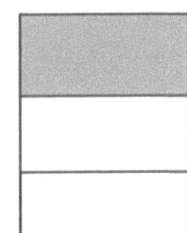

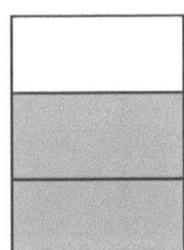

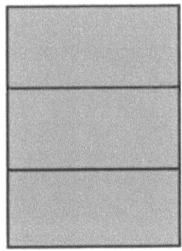

_______ ثلث _______ أثلاث _______ أثلاث

د. ضع دائرة حول الشكل أعلاه الذي يحتوي على مساحة مظللة توضح الشكل كاملاً.

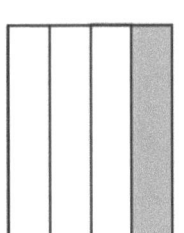

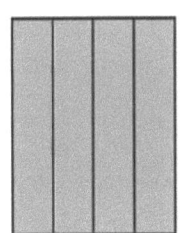

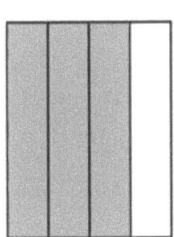

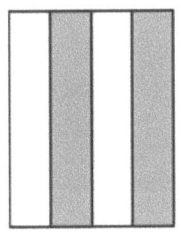

_______ ربع _______ أرباع _______ أرباع _______ أرباع

و. ضع دائرة حول الشكل أعلاه الذي يحتوي على مساحة مظللة توضح الشكل كاملاً.

2. ما الكسور التي تحتاج إلى تلوينها ليصبح الشكل مظللاً بالكامل؟

أ.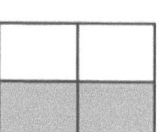

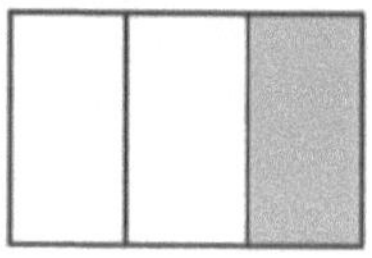

ب.

ج.

د.

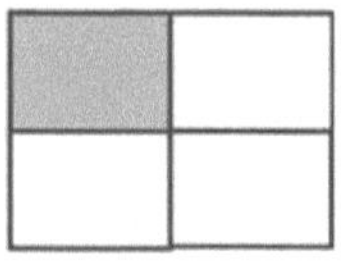

هـ.

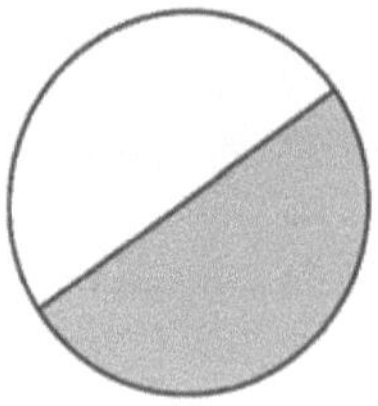

و.

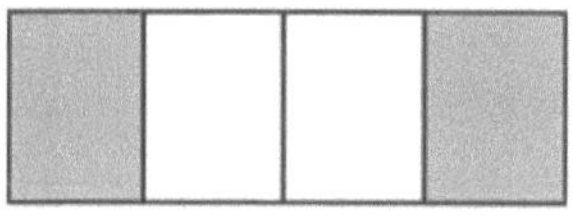

3. أكمل الرسم لعرض الشكل كاملاً.

أ. هذا نصف واحد.
ارسم شكلاً كاملاً.

ب. هذا ثلث واحد.
ارسم شكلاً كاملاً.

ج. هذا ربع واحد.
ارسم شكلاً كاملاً.

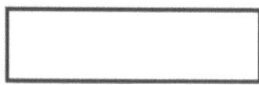

1. قسِّم المستطيل بطريقتين مختلفتين لتوضيح الأجزاء المتساوية.

نصفان

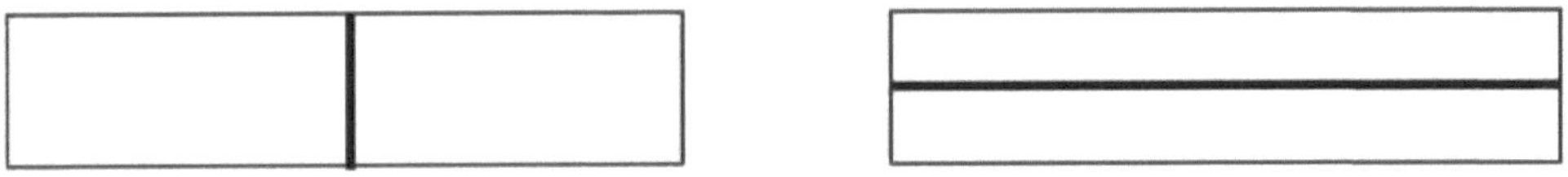

انظر، أستطيع أن أظهر الأثلاث كمستطيلات طويلة نحيفة أو مستطيلات قصيرة ضخمة! لا تحتاج إلى أن يكون لها نفس الشكل لتغطية نفس المساحة.

3 أثلاث

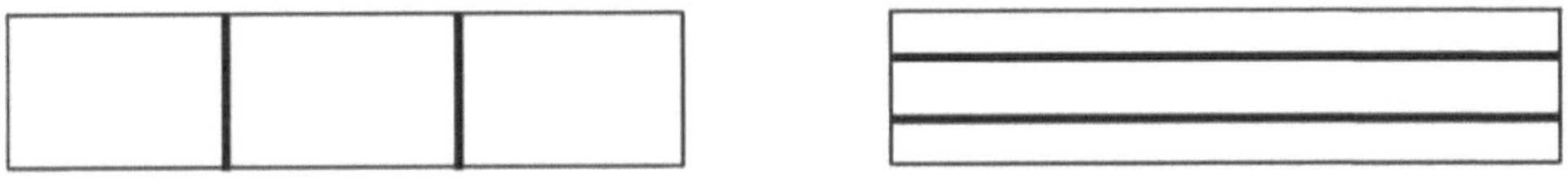

أستطيع إظهار الأرباع بأكثر من طريقة! حيث أن 4 أجزاء تغطي نفس مقدار المساحة التي تساويها، وبالتالي أكون قد كونت أرباع!

4 أرباع

2. قص المستطيل.

أ. قص المستطيل إلى نصفين للحصول على مستطيلين متساويين في الحجم. ظلِّل نصفًا واحدًا بالقلم الرصاص.

أستطيع عمل مستطيلين متساويين في الحجم بطي ورقتي من منتصفها.

ب. أعِد ترتيب النصفين لإنشاء مستطيل جديد دون فجوات أو تداخلات.

يمكنني موازاة المستطيلات بدون فجوات أو تداخلات عبر ملامسة وتثبيت الأطراف مع بعضها.

ج. قص كل جزء متساوٍ إلى نصفين للحصول على أربعة مستطيلات متساوية الحجم.

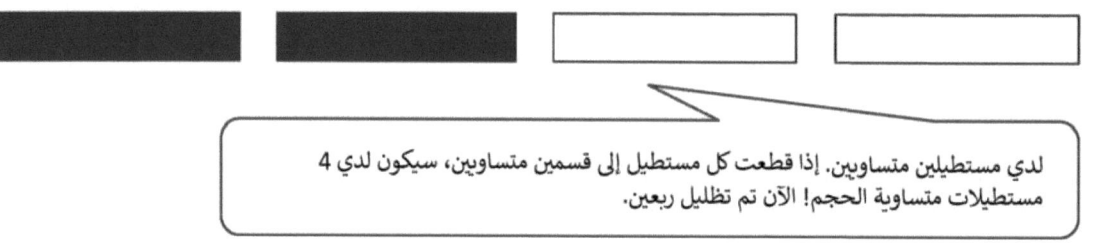

لدي مستطيلين متساويين. إذا قطعت كل مستطيل إلى قسمين متساويين، سيكون لدي 4 مستطيلات متساوية الحجم! الآن تم تظليل ربعين.

د. أعِد ترتيب الأجزاء الجديدة المتساوية لإنشاء مضلعات مختلفة.

هـ. ارسم واحدًا من المضلعات الجديدة من الجزء (د) أدناه، مع تظليل أحد نصفيه!

حتى وإن كان عندي شكل يبدو مختلف، لا يزال النصف مظللاً!

الاسم _____ التاريخ _____

1. قسِّم المستطيل بطريقتين مختلفتين لتوضيح الأجزاء المتساوية.

أ. نصفان

ب. 3 أثلاث

ج. 4 أرباع

د. نصفان

هـ. 3 أثلاث

و. 4 أرباع

2. قص المربع الموجودة في أسفل هذه الصفحة.

أ. قص المربع إلى نصفين للحصول على مستطيلين متساويين في الحجم. ظلِّل نصفًا واحدًا بالقلم الرصاص.

ب. أعِد ترتيب النصفين لإنشاء مستطيل جديد دون فجوات أو تداخلات.

ج. قص كل جزء متساوٍ إلى نصفين للحصول على 4 مربعات متساوية الحجم.

د. أعِد ترتيب الأجزاء الجديدة المتساوية لإنشاء مضلعات مختلفة.

هـ. ارسم واحدًا من المضلعات الجديدة من الجزء (د) أدناه، مع تظليل أحد نصفيه!

1. وضِّح الكسر المظلل من كل ساعة في الفراغ أدناه باستخدام كلمة *ربع، أو ربعان، أو أرباع، أو* نصف، أو *نصفان*.

1 ربع — جزء من أربعة أجزاء يساوي ربع!

ربعين أو نصف — أستطيع أن أرى هذا نصف واحد لأنه يبدو كما لو أن شخص ما قام بطيه من المنتصف كما فعلنا في الفصل!

3 أرباع — هذا يبدو تمامًا كما طوينا الساعات! قم بالطي من المنتصف مرة واحدة لعمل نصفين، ثم اطوي مرة أخرى لعمل أرباع!

4 أرباع أو نصفين — يمكن أن يسمى هذا أيضًا 1 صحيح!

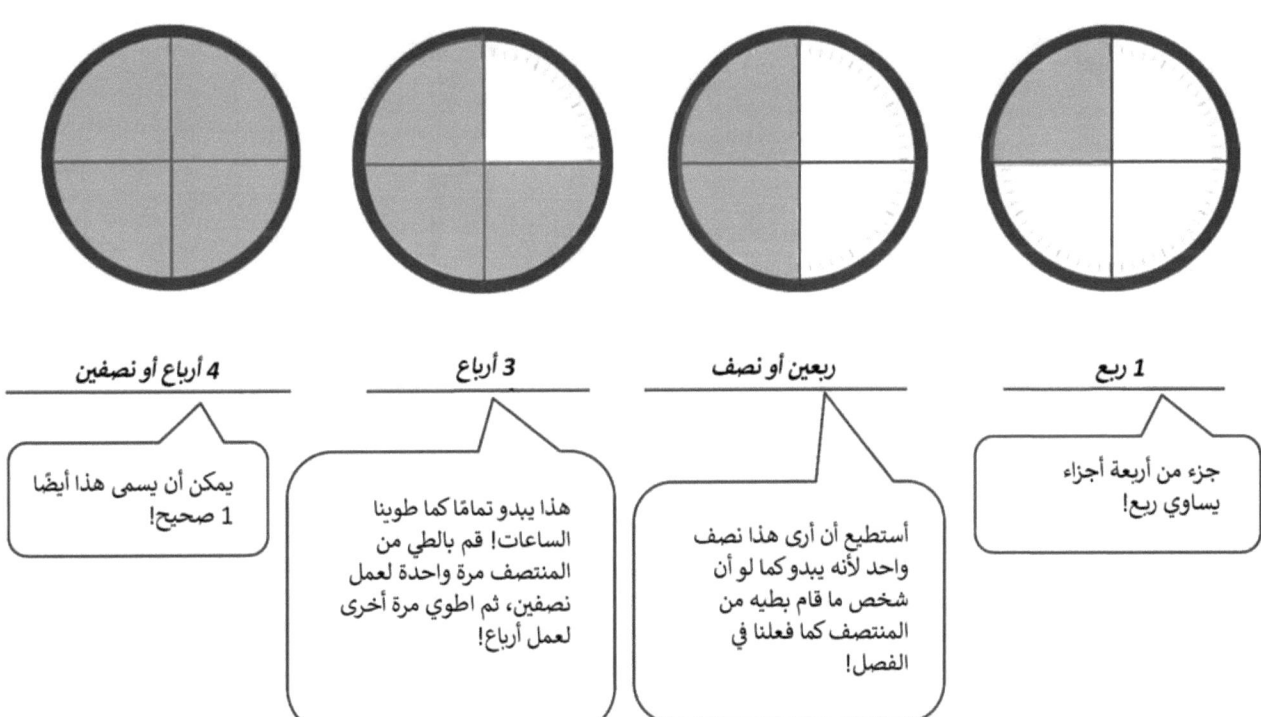

2. اكتب الوقت الموضح على كل ساعة.

أ.

9:30

عندما يسير عقرب الساعات إلى 6، أعد بالتخطي بالخمسات حتى أصل إلى 30. لذا يمكنني أن أقول 9:30، أو يمكنني أن أقول 9 ونصف حيث يشير عقرب الدقائق تحرك إلى منتصف دائرة الساعة!

ب.

6:15

أعرف أن ربع الساعة قد مر. هذا ربع!

3. ارسم عقرب الدقائق على الساعة لإظهار الوقت الصحيح.

11:30

30 دقيقة يقع في منتصف المسافة حول محيط الساعة، أو نصف الساعة. منتصف المسافة حول محيط الساعة يكون عند ال 6.

3:45

أعرف أن 1 ربع يساوي 15 دقيقة، وربعين يساوي 30 دقيقة، و 3 أرباع يساوي 45 دقيقة. 3 أرباع المسافة حول محيط الساعة سيكون عند ال 9.

الاسم _____ التاريخ _____

1. وضِّح الكسر المظلل من كل ساعة في الفراغ أدناه باستخدام كلمة ربع، أو ربعان، أو أرباع، أو نصف، أو نصفان.

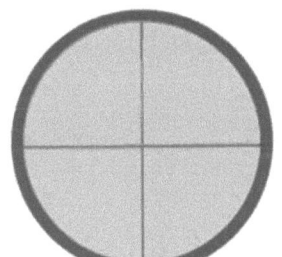 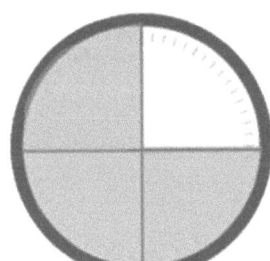 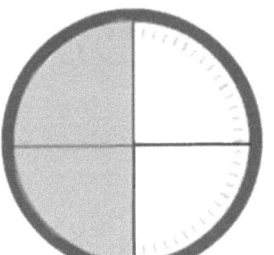 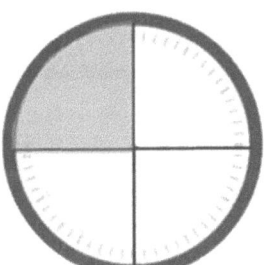

_____   _____   _____   _____

2. اكتب الوقت الموضح على كل ساعة.

أ.

_____

ب.

_____

ج.

_____

د.

_____

3. وصِّل كل وقت بساعته الصحيحة برسم خط يصل بينهما.

■ الخامسة إلا ربع

■ الخامسة والنصف

■ 5:15

■ الخامسة والربع

■ 4:45

4. ارسم عقرب الدقائق على الساعة لإظهار الوقت الصحيح.

3:30　　　　　　11:45　　　　　　6:15

1. املأ الأرقام الناقصة.

أعد تنازليًا بالتخطي بالخمسات.
إنه يشبه العد للوراء حول محيط الساعة!

60, 55, 50, __45__, 40, __35__, __30__, __25__, __20__, __15__, __10__, __5__, __0__

2. ارسم عقرب الدقائق وعقرب الساعات على الساعات لمطابقة الوقت الصحيح.

3:35

أكثر من نصف الساعة قد مر، وبالتالي يجب أن يكون عقرب الساعات عند منتصف المسافة بين 3 و 4. أعرف أنه عندما يشير عقرب الساعات إلى الـ 6، تكون قد تجاوزت الساعة بـ 30 دقيقة. عندما يشير إلى 7، أضيف 5 دقائق، وبالتالي تظهر الساعة 3:35.

3: 05

أعرف أنه حيث أنها تجاوزت الساعة بـ 5 دقائق فقط، فيجب أن يكون عقرب الساعات مشيرًا إلى 3.

6: 55

حيث أنها 6:55، فهذا يعني أنها تقريبًا 7. يجب أن يكون عقرب الساعات مشيرًا إلى ما قبل السابعة مباشرة حيث أنه متبقي 5 دقائق فقط حتى تكون تمام السابعة.

الاسم ____________________ التاريخ ____________

1. املأ الأرقام الناقصة.

0, 5, 10, ____, ____, ____, ____, 35, ____, ____, ____, ____, ____

____, ____, ____, 45, 40, ____, ____, ____, 20, 15, ____, ____, ____

2. أكمل الدقائق الناقصة على وجه الساعة.

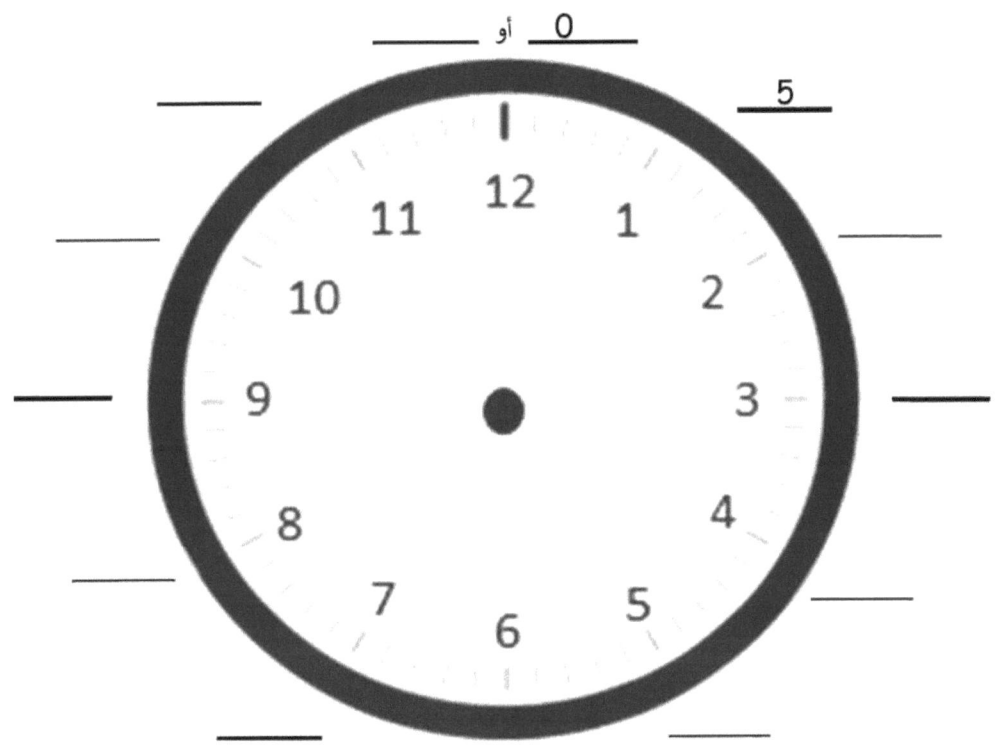

3. ارسم عقارب الدقائق على الساعات لمطابقة الوقت الصحيح.

9:55

7:15

3:25

4. ارسم عقارب الساعة على الساعات لمطابقة الوقت الصحيح.

12:30   10:10   3:45

5. ارسم عقرب الدقائق وعقرب الساعات على الساعات لمطابقة الوقت الصحيح.

  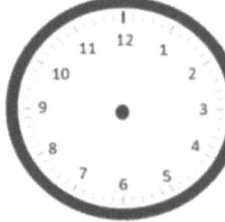

6:55   1:50   8:25

 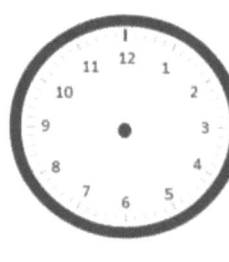 

4:40   7:45   2:05

6. كم الساعة؟

_____   _____

1. حدِّد ما إذا كان النشاط أدناه سيحدث في الصباح أو المساء. ضع دائرة حول إجابتك.

الاستيقاظ للذهاب إلى المدرسة (صباحًا) مساءً

تناول العشاء صباحًا (مساءً)

قراءة قصة ما قبل النوم صباحًا (مساءً)

إعداد الإفطار (صباحًا) مساءً

> تأتي A قبل P في الترتيب الأبجدي. وبهذا أعرف أن a.m. تكون صباحًا بينما p.m تكون مساءً. حيث أن الصباح يأتي قبل المساء!

2. ما الوقت الذي يظهر على الساعة؟

___3___ : ___55___

> على الرغم من أن عقرب الساعات يبدو وكأنه يشير إلى 4، أعرف أن الساعة ليست تمام الـ 4 حتى الآن لأن عقرب الدقائق يشير إلى 55 دقيقة! علي أن أنتظر 5 دقائق أخرى!

3. ارسم العقارب على الساعة التناظرية لمطابقة الوقت على الساعة الرقمية. ثم ضع دائرة حول كلمة صباحًا أو مساءً على أساس الوصف المعطى.

اغسل أسنانك بالفرشاة بعد استيقاظك من النوم

7:10

> أعرف أنها صباحًا لأنها تقرأ "بعد أن تستيقظ"، وهذا يحدث في الصباح!

> تظهر الساعة الرقمية أرقام الساعات والدقائق. على الساعة التناظرية، يشير العقرب الصغير إلى 7 ليظهر الساعة. بالنسبة لعقرب الدقائق، أستطيع العد بالتخطي بالخمسات لمعرفة كيف أظهر 10 دقائق بعد الساعة. 5،10... وبالتالي يشير العقرب الكبير إلى 2 ليظهر 10 دقائق.

4. اكتب ما قد تفعله إذا كان الوقت صباحًا أو مساءً.

صباحًا ____تناول الإفطار____

مساءً ____قراءة كتاب____

> عادة في السابعة صباحًا، أتناول الإفطار. 7 مساءً، يتبقى ساعة قبل النوم، وهذا هو وقت القراءة بالنسبة لي!

الاسم _____ التاريخ _____

1. حدِّد ما إذا كان النشاط أدناه سيحدث في الصباح أو المساء. ضع دائرة حول إجابتك.

أ. تناول الإفطار	**صباحًا / مساءً**	ب. عمل الواجب المنزلي	**صباحًا / مساءً**
ج. إعداد المائدة للعشاء	**صباحًا / مساءً**	د. الاستيقاظ في الصباح	**صباحًا / مساءً**
هـ. حصة الرقص بعد المدرسة	**صباحًا / مساءً**	و. تناول الغداء	**صباحًا / مساءً**
ز. الذهاب للنوم	**صباحًا / مساءً**	ح. تسخين العشاء	**صباحًا / مساءً**

2. اكتب الوقت الموضح على الساعة. ثم حدد هل سيحدث النشاط أدناه صباحًا أم مساءً.

أ. غسل الأسنان بالفرشاة قبل الذهاب إلى المدرسة

_____ : _____ صباحًا / مساءً

ب. تناول الحلوى بعد العشاء

_____ : _____ صباحًا / مساءً

3. ارسم العقارب على الساعة التناظرية لمطابقة الوقت على الساعة الرقمية. ثم ضع دائرة حول كلمة **صباحاً** أو **مساءً** على أساس الوصف المعطى

أ. غسل أسنانك بالفرشاة قبل النوم

8:15 **صباحًا أو مساءً**

ب. استراحة بعد الغداء

12:30 **صباحًا أو مساءً**

4. اكتب ما قد تفعله إذا كان الوقت **صباحًا** أو **مساءً**

أ. **صباحًا** ______________________

ب. **مساءً** ______________________

ج. **صباحًا** ______________________

د. **مساءً** ______________________

1. كم الوقت المنقضي؟

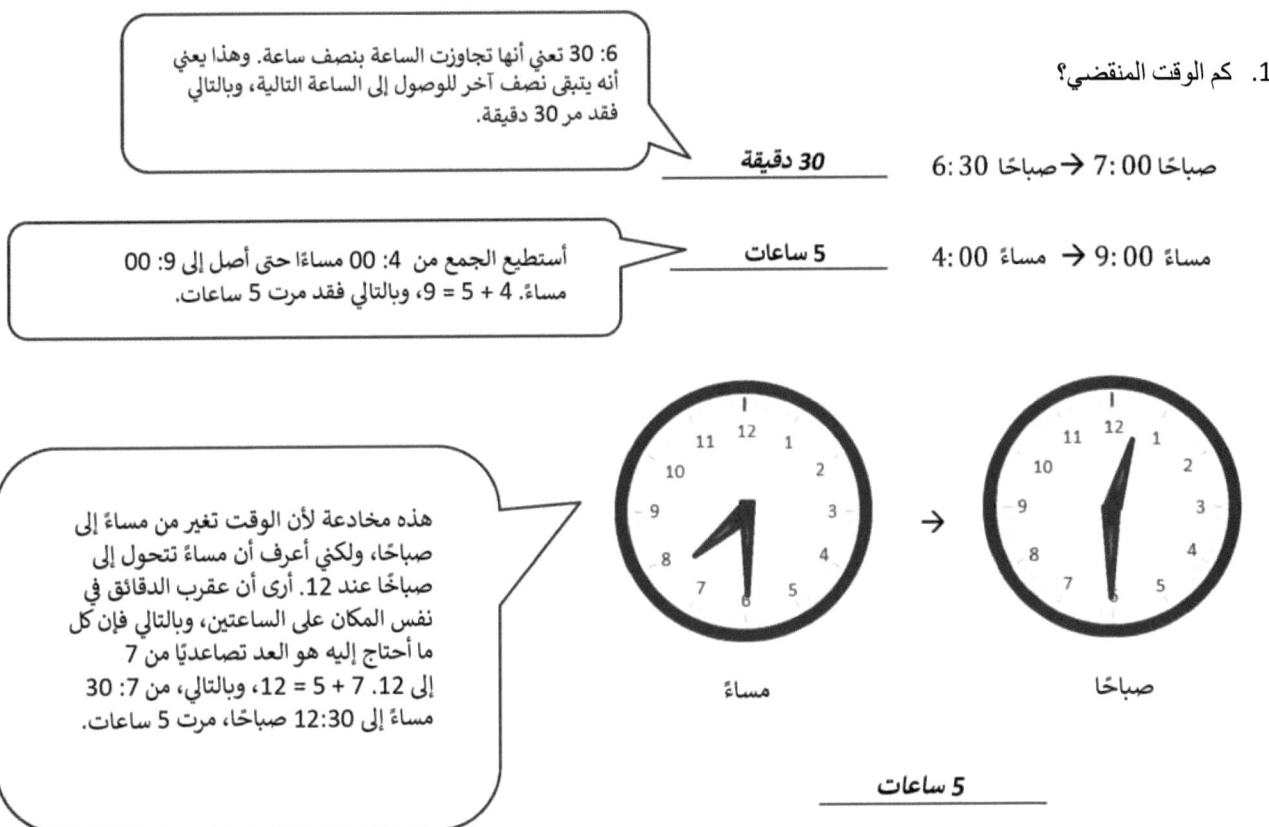

6:30 صباحًا ← 7:00 صباحًا ***30 دقيقة***

6: 30 تعني أنها تجاوزت الساعة بنصف ساعة. وهذا يعني أنه يتبقى نصف آخر للوصول إلى الساعة التالية، وبالتالي فقد مر 30 دقيقة.

4:00 مساءً ← 9:00 مساءً ***5 ساعات***

أستطيع الجمع من 4: 00 مساءً حتى أصل إلى 9: 00 مساءً. 4 + 5 = 9، وبالتالي فقد مرت 5 ساعات.

5 ساعات

هذه مخادعة لأن الوقت تغير من مساءً إلى صباحًا، ولكني أعرف أن مساءً تتحول إلى صباحًا عند 12. أرى أن عقرب الدقائق في نفس المكان على الساعتين، وبالتالي فإن كل ما أحتاج إليه هو العد تصاعديًا من 7 إلى 12. 7 + 5 = 12، وبالتالي، من 7: 30 مساءً إلى 12:30 صباحًا، مرت 5 ساعات.

2. قضت آنا 3 ساعات في تدريب الرقص. وأنهت التدريب في الساعة 6:15 مساءً. ففي أي وقت بدأت التدريب؟

? ← ***+ 3 ساعات*** **6: 15**

6 – 3 = 3، وبالتالي فإن 6:15 ناقص 3 ساعات يكون 3:15.

بدأت آنا من 3:15.

أستطيع استخدام طريقة الأسهم مع الساعات والدقائق لجعل الحل أكثر سهولة.

الدرس 16 الواجبات المنزلية

الاسم _____ التاريخ _____

1. كم الوقت المنقضي؟

   أ. 2:00 مساءً ← 8:00 مساءً. _____

   ب. 7:30 صباحًا ← 12:00 مساءً. (ظهرًا) _____

   ج. 10:00 صباحًا ← 4:30 مساءً. _____

   د. 1:30 مساءً ← 8:30 مساءً _____

   هـ. 9:30 صباحًا ← 2:00 مساءً _____

   و. _____ ← (مساءً) ← (مساءً)

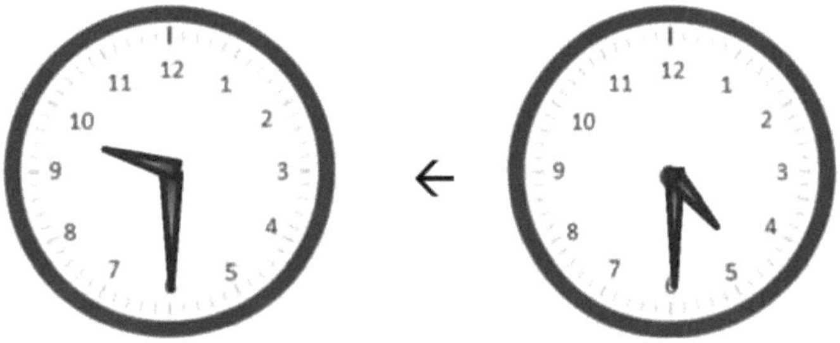

   ز. _____ ← (صباحًا) ← (صباحًا)

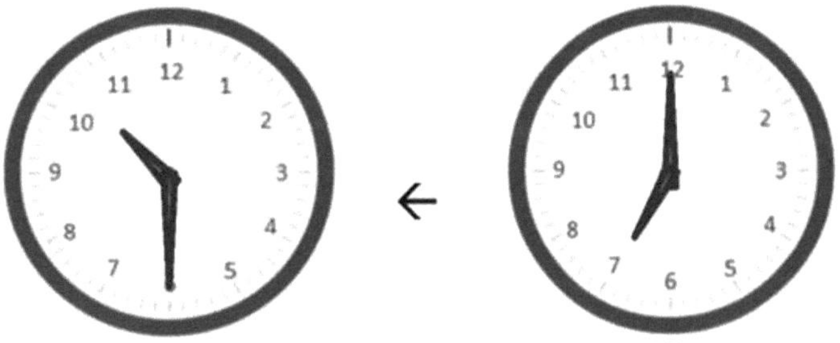

   ح. _____ ← (صباحًا) ← (مساءً)

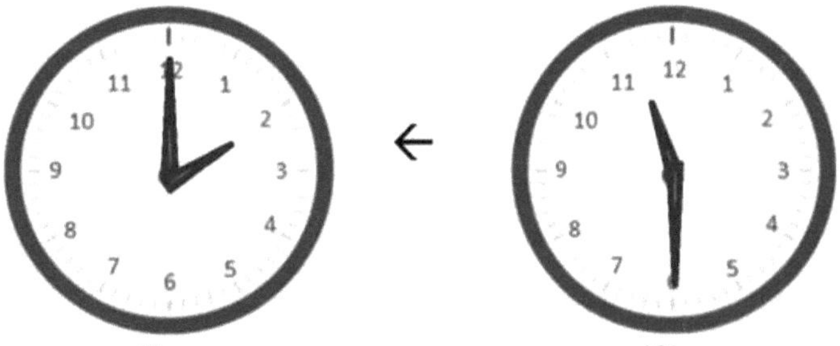

2. حل.

أ. بدأت كايلي تدريب كرة السلة في الساعة 2:30 مساءً وأنهت التدريب في الساعة 6:00 مساءً. فما الوقت الذي قضته كايلي في تدريب كرة السلة؟

ب. قضى جمال 4 ساعات ونصف في نزهة مع عائلته. وقد بدأت في الساعة 1:30 مساءً. ففي أي وقت غادر جمال؟

ج. قضى كريستوفر ساعتين في عمل واجبه المنزلي. وقد أنهى واجبه في الساعة 5:30 مساءً. ففي أي وقت بدأ في عمل واجبه المنزلي؟

د. نام هنري من الساعة 8 مساءً إلى الساعة 6:30 مساءً. ما عدد الساعات التي نامها هنري؟

وحدات دراسية

بذلت شركة Great Minds® قصارى جهدها للحصول على إذن لإعادة طباعة جميع المواد المحمية بحقوق الطبع والنشر.
إذا لم يتم التعرف على أي مالك للمواد المحمية بحقوق الطبع والنشر هنا، يرجى الاتصال بـ Great Minds للحصول على الإقرار المناسب في جميع الإصدارات المستقبلية وإعادة طبع هذه الوحدة.

- الوحدة 7، الدرس 22، ص 180: مصدر صورة المفك مسطح الرأس: Joao Virissimo / Shutterstock.com